初心者から

ちゃんとしたプロになる

Python
基礎入門

NEW STANDARD FOR PYTHON

大津 真
田中賢一郎 共著

JN005955

books.MdN.co.jp

MdN
エムディエヌコーポレーション

はじめに

　世の中には星の数ほどのプログラミング言語がありますが、その中で現在もっとも人気が高い言語のひとつがPythonです。シンプルでわかりやすい記述形式が特徴で、初心者が最初に学ぶ言語として多くの学校などでプログラミング入門講座にも採用されています。もちろん、Pythonは単に初心者向けのプログラミング学習用言語ではありません。汎用のプログラミング言語として、デスクトップアプリやWebアプリ、機械学習やAI開発などその応用分野は多岐に渡ります。その理由のひとつが、インターネット上で公開されている豊富なモジュール群にあります。Python本体に、必要に応じてモジュールを追加していくことにより、機能を拡張していくことができるのです。

　本書は、プログラミング初心者がPythonの基礎を理解し、応用分野を探検する道標となることを目的にした解説書です。Lesson 1ではPythonのインストールと開発環境の設定について、Lesson 2ではPythonの基本的なプログラミング機能について説明していきます。それ以降では、さまざまな応用分野に対して、実際にサンプルを示しながら解説していきます。まず、Lesson 3ではTkinterというGUIモジュールを使用したデスクトップアプリの作成、Lesson 4ではWeb APIを使用した検索アプリの作成、Lesson 5ではゲーム開発用ライブラリ「Pygame Zero」を使用したゲームアプリの世界、Lesson 6ではWebスクレイピングという技法でWebから必要な情報を取り出してデータ化する方法について説明します。最後のLesson 7では機械学習を使用したプログラミングの基礎について説明しています。

　もちろん本書だけでそれらの分野のプログラミングに関するエキスパートになることはできませんが、本書の知識をもとにWebの情報や他の専門書で学習を進めることによって、Pythonプログラミングのより深い世界に踏み出していただければ幸いです。

2023年3月
大津 真

Contents 目次

Contents 目次

本書の使い方

本書は、Pythonの初心者のためにPythonの文法、プログラムの作成方法、モジュールの利用方法、Webスクレイピングや機械学習といった高度な活用方法を解説しています。本書の構成は以下のようになっています。

本書の紙面構成

① 記事テーマ

記事番号とテーマタイトルを示しています。

② 解説文

記事テーマの解説です。

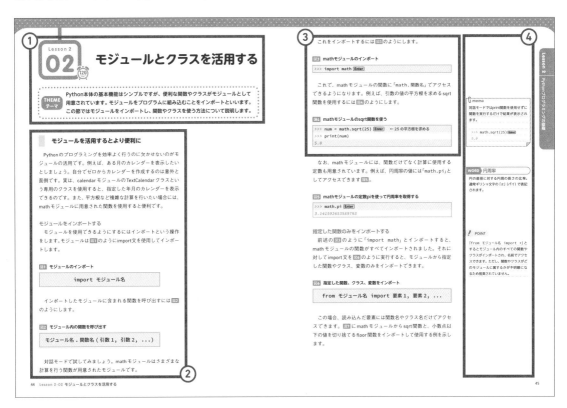

③ 図版

画像やソースコードなどの、解説文と対応した図版を掲載しています。

④ 側注

POINT	重要部分を詳しく掘り下げています。
memo	実制作で知っておくと役立つ内容を補足的に載せています。
WORD	用語説明。解説文の色つき文字と対応しています。

本書のコードとコマンドの見方

本書では掲載コードを下記のように表記しています。

```python
class Uranai(tk.Frame):
    def __init__(self, master):
        super().__init__(master,  padx=10, pady=10)
        # 「占う」ボタン
        self.uranau_btn = tk.Button(self.btn_frame,
        text=" 占う ", command=self.uranau)
        self.uranau_btn.pack(side='left')
```

──── 行ごとに背景を色分けして
います

──── 1行のコードが長い場合は
折り返して掲載しています

コード内のコメント部分は緑で示しています

ターミナル上で実行するコマンドや対話モードは、下記のように表記しています。

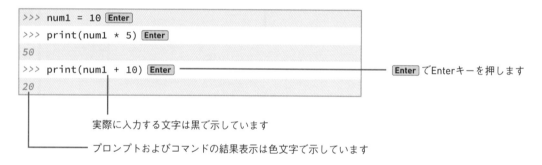

```
>>> num1 = 10 Enter
>>> print(num1 * 5) Enter
50
>>> print(num1 + 10) Enter
20
```

Enter でEnterキーを押します

実際に入力する文字は黒で示しています

プロンプトおよびコマンドの結果表示は色文字で示しています

サンプルのダウンロードデータについて

本書の解説に掲載しているコードやファイルなどは、下記のURLからダウンロードしていただけます。

https://books.mdn.co.jp/down/3222303046/

【注意事項】
・弊社Webサイトからダウンロードできるサンプルデータの著作権は、それぞれの制作者に帰属します。
・弊社Webサイトからダウンロードできるサンプルデータを実行した結果については、著者および株式会社エムディエヌコーポレーションは一切の責任を負いかねます。お客様の責任においてご利用ください。
・本書に掲載されているコードの改行位置やコメントなどは、紙面掲載用として加工していることがあります。ダウンロードしたサンプルデータとは異なる場合がありますので、あらかじめご了承ください。

Pythonを
はじめる準備

Pythonは初心者にもやさしいオブジェクト指向言語です。
Lesson 1では、Pythonの概要とインストール方法、そして
シンプルなプログラムの実行方法について説明しましょう。

準備 〉 基本 〉 応用 〉 発展

Pythonはどんな言語？

THEME テーマ この節では、Pythonはどのようなプログラミング言語かを見ていきましょう。Pythonを学ぶ上で必須のオブジェクト指向の基本概念についても説明します。

Pythonの概要

Pythonは、シンプルで初心者にもわかりやすい記述が可能なプログラミング言語です。高校、大学や専門学校などの学生が最初に学ぶプログラミング言語として選ばれることも少なくありません。といっても、初心者の学習用言語というだけではありません。さまざまな目的で使用される汎用のプログラミング言語です。最近特に注目を集めている機械学習や、科学技術計算、Webアプリケーションなど応用分野は多岐に渡ります 図1 。

WORD ▶ Python

Pythonは、読みやすく、効率のよいコードを目指して、グイド・ヴァン・ロッサム氏により開発されたプログラミング言語。最初のリリースは1991年。名前の由来は、70年代に日本でも人気のあったイギリスBBCのコメディ番組「空飛ぶモンティ・パイソン (Monty Python's Flying Circus)」。

図1 Pythonの応用分野

ゲーム	Webスクレイピング
プログラミング学習	AI (機械学習・深層学習)
デスクトップアプリ	科学技術計算
Webアプリ	データ処理

memo

現在広く使用されているPythonには、バージョン2系とバージョン3系があります。執筆時 (2023年2月) では、新たに作成されるPythonプログラムはほぼバージョン3系です。両者には互換性がないので注意が必要です。本書ではバージョン3系について説明します。

モジュールによって機能を拡張できる

Pythonの本体部分はそれほど多機能ではありませんが、機能をまとめた「モジュール」を追加して自由に拡張していくことが可能です。Pythonの配布パッケージには、標準ライブラリとしてデータ型や関数などのほか、さまざまなモジュールが含まれ必要に応じてプログラム内に組み込んで使用できます。

さらに、インターネット上にはさまざまな便利なモジュールが公開されています。Pythonの配布パッケージに含まれるパッケージ管理コマンドであるpip（Pip Installs Packages）を使用することで、インターネット上のリポジトリである「The Python Package Index（PyPI）」で公開されているモジュールを自由にインストールすることが可能です 図2 。

WORD リポジトリ

主にインターネット上で公開されているソフトウェアやデータの貯蔵庫のこと。

図2 モジュールのインストール

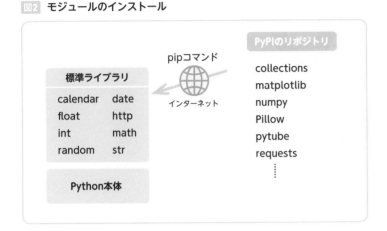

Pythonはオブジェクト指向言語

読者の皆さんは「オブジェクト指向言語」という用語を聞いたことがあるでしょうか？ プログラミング言語にはさまざまな種類がありますが、Pythonは「オブジェクト指向言語」に分類される言語です。

「オブジェクト」とは、現実世界の「もの」のことですが、プログラムの対象を「もの」として捉えて操作する考え方です。

例えば、おもちゃの自動車をオブジェクトとして捉えてプログラムするとしましょう。個々のオブジェクトには、データと処理を持たせることができます。データのことを「プロパティ」、処理のことを「メソッド」といいます。

おもちゃの自動車の場合、例えばプロパティとしては「色」や「バッテリーの量」、メソッドとしては「走る」「止まる」などが思いつくでしょう 図3 。

図3 オブジェクトとプロパティとメソッド

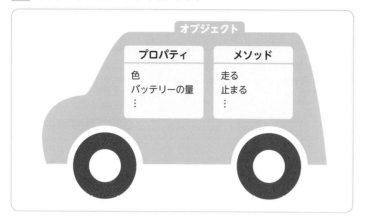

クラスとインスタンス

　Pythonでは、オブジェクトを生成するための設計図のようなものを「クラス」と呼びます。また、クラスをもとに生成されたオブジェクトのことを「インスタンス」と呼びます。

　例えば、おもちゃの自動車のクラスとしてToyCarクラスがある場合に、ToyCarクラスをもとに生成されたインスタンスとして「myCar1」「yourCar2」があるといったイメージです 図4 。

図4 クラスとインスタンス

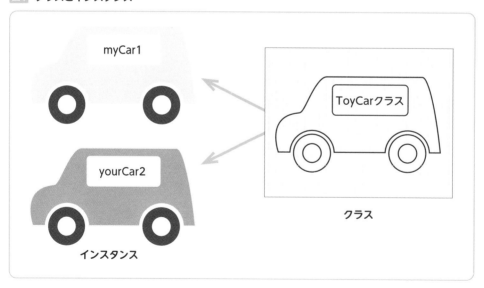

クラスを引き継いで機能を拡張する継承

　オブジェクト指向の重要な概念に、クラスの「継承」があります。継承とは既存のクラスに機能を追加して新たなクラスを定義することです。

12　Lesson 1-01 Pythonはどんな言語？

例えば、ToyCarクラスをもとに、新たにライトを光らせる機能を追加したBetterCarクラスを定義することができます。このとき、もとになるクラスを「スーパークラス」、それを継承したクラスを「サブクラス」といいます 図5。

図5 クラスの継承

継承

BetterCarクラス → ToyCarクラス

サブクラス　　　　　　　　　　スーパークラス

Pythonではすべてオブジェクト

プログラミング言語で扱うもっとも基本的なデータに、「2023」といった数値や「こんにちは」といった文字列があります。

オブジェクト指向言語の中には、そのような数値や文字列といった基本的なデータを、オブジェクトとは別の基本データ型として扱うものもあります。それに対してPythonの場合、数値や文字列を含めてすべてのデータがオブジェクトです。

Pythonでは、例えば整数はintクラスのインスタンス、文字列はstrクラスのインスタンスです 図6。

図6 整数と文字列

整数	文字列
3	"こんにちは"
2023	"Python"
99	"さようなら"
intクラスのインスタンス	strクラスのインスタンス

ここではまず、Pythonではすべてのデータをオブジェクトとして扱うこと、オブジェクトはクラスという設計図からインスタンスを生成すること、オブジェクトはプロパティ（データ）とメソッド（処理）を持つことを押さえておきましょう。

Pythonはインタプリタ型の言語

プログラムの実行方法には、「コンパイラ方式」と「インタプリタ方式」があります。高水準言語のプログラムをテキスト形式で記述したファイルを「ソースファイル」と呼びます。

コンパイラ方式では、コンパイラというソフトウェアであらかじめソースファイルから「機械語」のオブジェクトファイルを作成し、それを実行します 図7 。

WORD ▶ 高水準言語

人間にとってわかりやすい形式でプログラムを記述できるプログラミング言語。高級言語とも呼ばれる

WORD ▶ 機械語

コンピュータが理解できる命令を記述するプログラミング言語。マシン語とも呼ばれる。

図7 コンパイラ方式でプログラムを実行

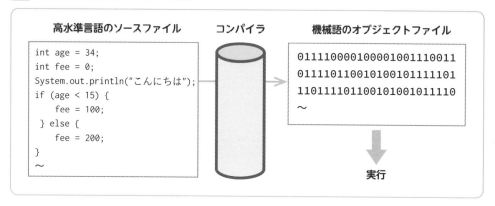

それに対して、インタプリタ方式ではインタプリタというソフトウェアを使用して、ソースファイルをその都度、機械語に翻訳しながら実行していきます 図8 。

図8 インタプリタ方式でプログラムを実行

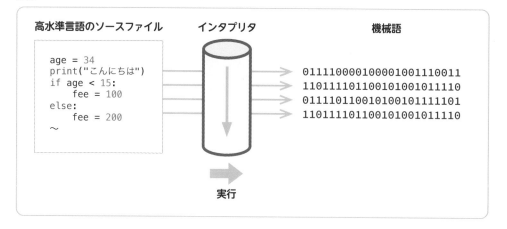

Pythonは基本的にインタプリタ方式の言語です。そのためプログラムを作成、修正したらオブジェクトファイルを作成することなく、すぐに結果を確認できます。

Pythonのプログラムはインデントが特徴

Pythonのプログラムの記述において特徴的なのは、「インデント」(字下げ) によってプログラムの構造を表す点です。プログラム中のまとまりを「ブロック」といいます。ワープロなどでもインデントによって見た目を整えますが、Pythonの場合、ブロックの階層構造をインデントで表すのです。

インデントには複数の半角スペースやタブが使用可能ですが、基本的に「半角スペース4つで1段階のインデントを表す」ことが推奨されています。

例えば、「もし○○なら△△という処理を行う」といったプログラムを記述する場合、△△の処理部分のブロックをインデントする必要があります 図9 。

memo
タブによるインデントとスペースによるインデントを混在させてはいけません。

WORD ブロック
ブロックは複数の文をまとめたもの。

図9 ブロックのインデント

```
if age >= 18:
□□□□print("こんにちは")
□□□□print("もう成人です")     ブロック
□□□□print("選挙に行きましょう")
半角スペース4つのインデント
```

「もし年齢が18歳以上なら投票を促すメッセージを表示する」という処理を行う

Pythonの実行環境を整える

THEME テーマ この節では、まずPythonのインストールと対話モードでの実行方法について説明します。その後でPythonプログラムの作成と実行に便利なテキストエディタ「Visual Studio Code」のインストールと設定について説明します。

Pythonのインストール

パソコンにPythonのプログラミング環境をインストールする方法はいくつかありますが、ここではPythonのオフィシャルサイトから配布パッケージを入手してインストールする方法について説明します。

Windowsにインストールする

Windows 11を例に、Python本体をWindowsへインストールする方法について説明します。

1 Webブラウザで Python のオフィシャルサイト「https://www.python.org」にアクセスします。「Downloads」にマウスカーソルを移動し、表示されるメニューから「Download for Windows」の下部の「Python 3. ～」をクリックしてインストーラをダウンロードします 図1 。

> **memo**
> Windowsですでに Python をインストールしている場合、オフィシャルサイトから新バージョンの Python をインストールしても、旧バージョンは削除されずに残ります。ただし、python コマンドで起動するのは最新バージョンです。旧バージョンを削除する場合は、「設定」アプリの「アプリ」→「アプリと機能」でバージョンごとに Python のパッケージを削除できます。旧バージョンを起動する場合は、「スタート」メニューから選択します。

図1 インストーラをダウンロード（Windows）

2 ダウンロードしたインストーラを起動します。表示されるダイアログボックスで「Use admin privileges when installing py.exe」と「Add python.exe to PATH」をチェックし、「Install Now」ボタンをクリックします 図2 。

図2　インストーラを起動してインストールを実行

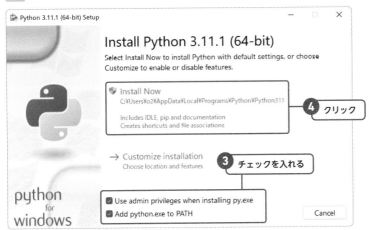

3 コンピュータの内容を変更してよいかを確認するダイアログボックスが表示されるので、「はい」をクリックします 図3 。以上でインストールが開始されます 図4 。

図3　確認のダイアログ　　　　**図4　インストール中**

4 インストールが完了したら「Close」ボタンをクリックしてインストーラを終了します 図5 。

図5 インストールの終了

5 インストールが完了すると、スタートメニューにPython3.x関連のコマンドやドキュメントが登録されます 図6 。

図6 インストール後のスタートメニュー

Macにインストールする

Mac に Python をインストールするには次のようにします。

1 Web ブラウザで Python のオフィシャルサイト「https://www.python.org」にアクセスします。「Downloads」にマウスカーソルを移動し、表示されるメニューから「Download for macOS」の下の「Python 3. 〜」をクリックしてインストーラをダウンロードします 図7 。

図7　インストーラをダウンロード（Mac）

memo

Macで旧バージョンのPython3がインストールされている場合、オフィシャルサイトから新バージョンのPythonをインストールしても、旧バージョンは削除されずに残ります。ただし、python3コマンドで起動するのは最新バージョンです。旧バージョンを削除する場合は「sudo rm -rf /Library/Frameworks/Python.framework/Versions/バージョン番号」を実行し、続けて「アプリケーション」フォルダから「Python <バージョン番号>」フォルダを削除します。sudoコマンドの実行を失敗するとシステムファイルが削除される可能性があるので注意してください。また、旧バージョンを起動するには「python3.9」のようにバージョンを指定します。

2 ダウンロードしたインストーラを起動し、指示にしたがって設定を行います。インストール先などの設定はデフォルトのままでかまいません 図8 。

図8　インストーラを起動してインストールを実行

3 インストールが完了すると「Applications」→「Python3.〜」フォルダが作成され、PythonのIDLE（開発環境）やドキュメントなど関連ファイルが保存されます 図9 。

memo
Python本体は、「/Library/Frameworks/Python.framework/Versions/3.〜/bin/python3」に保存されます。

図9 インストール後の「Python3.〜」フォルダ

Pythonのコマンドを対話モードで実行する

Pythonには、あらかじめソースファイルを作成してそれを実行する方法のほかに、コマンドを対話形式で実行する「対話モード」が用意されています。対話モードを実行するにはWindowsのPowerShell、Macの「ターミナル」アプリといったターミナルを使用します。

WORD ターミナル

かつてのコンピュータで使用されてたキャラクタ端末（文字しか表示できない端末）をGUIアプリとして再現したもの。

WORD プロンプト

現在コマンドを受けられる状態であることを示す記号。

Windowsで実行する

Windowsの場合には、「Windows PowerShell」（あるいは「コマンドプロンプト」）を起動し、「python **Enter** 」とタイプするとPythonインタプリタが対話モードで起動し、プロンプトが「>>>」に変わります 図10 。

memo
Windows PowerShellは、スタートメニューを右クリックし一覧から「Windowsターミナル」を選択すると、簡単に起動できます。

図10 対話モード（Windows PowerShell）

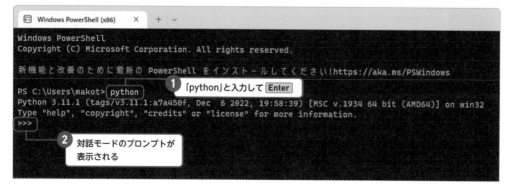

　試しに、画面に文字列を表示するコマンドである「print」を使用して、「print("Hello") [Enter]」とタイプしてみましょう。実行結果として「Hello」が表示された後、再びプロンプトが表示され次のコマンドを入力できるようになります図11。

図11 printコマンドの入力例

```
>>> print("Hello") Enter  ←コマンドを入力して Enter キーを押す
Hello     ←実行結果が表示される
>>>       ←再びプロンプトが表示される
```

　Pythonインタプリタを終了するには、「exit() [Enter]」とタイプします図12。

図12 Pythonインタプリタの終了

```
>>> exit() Enter
PS C:\Users\o2>   ←ターミナルのプロンプトに戻る
```

memo

Ctrl + Zキーを押して、その後return キーを押すことでも終了できます。

memo

ターミナルのプロンプトは現在位置のディレクトリのパスを示しています。ご利用の環境により「\」は「¥」で表示される場合があります。

Macで実行する

　Macの場合「ターミナル」(「アプリケーション」→「ユーティリティ」フォルダ)で、Pythonインタプリタを起動することで対話モードを起動できます。

　注意点としてPythonインタプリタの名前が「python」ではなく「python3」になります。したがって「python3 [Enter]」とタイプして起動します図12。

図12 対話モード(Macターミナル)

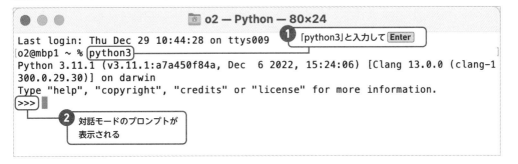

　試しに、画面に文字列を表示するコマンドである「print」を使用して「print("Hello") [Enter]」とタイプしてみましょう。実行結果として「Hello」が表示された後、再びプロンプトが表示されます図13。

図13 printコマンドの入力例

```
>>> print("Hello") Enter  ←コマンドを入力して Enter キーを押す
Hello    ←実行結果が表示される
>>>      ←再びプロンプトが表示される
```

　Pythonインタプリタを終了するには「exit() Enter 」とタイプします 図14 。

図14 Pythonインタプリタの終了

```
>>> exit() Enter
o2@mbp1 ~ %    ←ターミナルのプロンプトに戻る
```

memo
control + Dキーを押すことでも終了できます。

画面に文字列を表示するprint関数

　ここで使用した「print」というコマンドは、なんらかの処理をまとめて名前で呼び出せるようにした「関数」と呼ばれるものです。

　関数に渡す値のことを「引数」(ひきすう)といいます。引数は関数名の後ろの「()」内に記述します。「print」はその名前が示す通り引数を画面に表示する関数です。引数として「Hello」のような文字列を渡す場合には、引数をダブルクォーテーション「"」(もしくはシングルクォーテーション「'」)で囲います 図15 。

図15 print関数

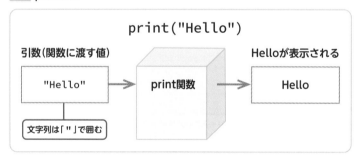

　関数によっては、複数の引数を受け取れます。print関数も任意の数の引数を受け取れます。複数の引数を渡す場合には、カンマ「,」で区切って指定します。

　次に、print関数に3つの引数を渡す例を示します。実際に対話モードで試してみましょう 図16 。

図16 print関数に3つの引数を渡す

```
>>> print(" こんにちは ", "Python の世界へ ", " ようこそ ") Enter
こんにちは Python の世界へ ようこそ
```

Visual Studio Codeのインストールと環境設定

　Pythonのプログラムを記述するにはテキストエディタが必要です。文字コードとしてUTF-8が利用できるものなら何を使ってもかまいません。Windowsの「メモ帳」やMacの「テキストエディット」のようなOS標準のテキストエディタを使うこともできますが、プログラムの効率的な作成や検証には力不足です。

　最近では、プログラム作成、検証に適した無料で使い勝手がよいテキストエディタが多数あります。本書では高機能で使いやすく、動作も軽快なことから人気の高い「Visual Studio Code」(以下VS Code)を紹介します。

　VS Code は、Microsoft社が開発元のオープンソースのテキストエディタです。誰もが無料で使用でき、Windows版、Mac版、Linux版が存在します。プログラムの構文を解析して色分け表示する機能、数文字タイプするだけで入力候補を提示する機能などが備わっています。

　VS Code は、インターネット上の「マーケットプレイス(Marketplace)」によって公開されているさまざまな「拡張機能(エクステンション)」をインストールすることにより、機能を拡張できます。

VS Codeのインストール

　VS Code は、以下のサイトからWindows版、Mac版、Linux版がダウンロードできます 図17 。

図17 Visual Studio Codeのダウンロードサイト

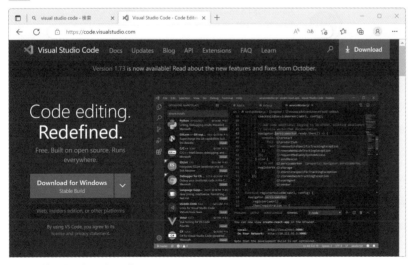

https://code.visualstudio.com

「Download for 〜」ボタンをクリックすると、使用しているOSに応じた最新の安定版がダウンロードできます。Windowsの場合は、ダウンロードしたインストーラを起動してインストールを行います図18。

memo

Macの場合はインストーラはなく、ダウンロードしたファイルを解凍し、そのままアプリケーションフォルダに移動します。

図18 VS Codeのインストール画面

memo

VS Codeはデフォルトで自度更新が有効になっていて、アップデータがある場合には通知され、ダイアログボックスが表示されます。「更新して再起動」をクリックすると、アップデータがインストールされます。すでにVS Codeがインストールされている場合は、更新し、必要に応じて「メニューを日本語化する」以降に進んでください。

メニューを日本語化する

メニューやメッセージを日本語化したい場合には、拡張機能として「日本語パック」（Japanese Language Pack）をインストールするとよいでしょう。

1 左の「アクティビティバー」の「拡張機能」のアイコンをクリックします。表示される拡張機能の一覧から「Japanese Language Pack」を検索し、「Install」ボタンをクリックします図19。

図19 Japanese Language Packのインストール画面

　これで、マーケットプレイスより日本語パックがダウンロードされインストールが開始されます。

2 インストールが完了すると右下に再起動を促すダイアログが表示されるので、「Restart Now」ボタンをクリックします。再起動すると日本語化が完了します 図20 。

図20 日本語化されたVS Code

Python拡張機能のインストール

　続いて、Pythonのソースファイルの作成や検証に便利な機能をまとめた「Python拡張機能」をインストールしましょう。Python拡張機能を使用すると、作成中のソースファイルをVS Codeの内部でテストすることもできます。

　左の「アクティビティバー」の「拡張機能」のアイコンをクリックし、拡張機能の一覧から「python」を検索します。「インストール」ボタンをクリックしてインストールします 図21 。

> **memo**
> 使用しなくなった拡張機能を削除するには、「拡張機能」を表示してインストール済みの拡張機能を選択後、「アンインストール」ボタンをクリックします。

図21 拡張機能のインストール

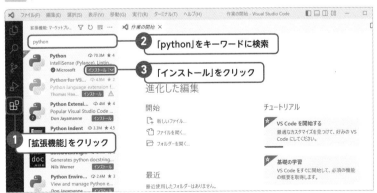

Pythonのソースファイルを作成して実行する

VS Codeの準備ができたらPythonプログラムを記述したソースファイルを作成してみましょう。

VS Codeでは、1つまたは複数のフォルダを「ワークスペース」という単位で管理します。「ファイル」メニューから「フォルダーを開く」を選択し、プログラムを保存するフォルダーを開きます。これでワークスペースにフォルダーが追加されます。

「ファイル」メニューから「名前を付けてワークスペースを保存」を選択し、ワークスペースを名前を付けて保存しておくとよいでしょう。

Pythonのソースファイルの拡張子は「.py」となります。続いて、「ファイル」メニューから「新しいテキストファイル」を選択し、エディタで次のようなファイル「hello1.py」図22 を作成しましょう。

memo

保存したワークスペースの設定ファイルの拡張子は「.code-workspace」です。ダブルクリックするか、「ファイル」メニューから「ファイルでワークスペースを開く」を選択すると開くことができます。

図22 hello1.py

```
print(" こんにちは ")
print("Python の世界へようこそ ")
```

ここでは対話モードでも使用したprintコマンドを2つ入力しています。作成した「hello1.py」は「ファイル」メニューから「保存」を選択して適当なフォルダに保存します。

VS Code内でプログラムを実行するには

VS Codeに「Python拡張機能」をインストールしていると、VS Codeの内部でターミナルを開いてエディタで表示しているプログラムを実行できます。それには、右上の▷ボタンをクリックします。すると下部に「ターミナル」パネルが開き実行結果が表示されます 図23 。

図23 VS Code内でプログラムを実行

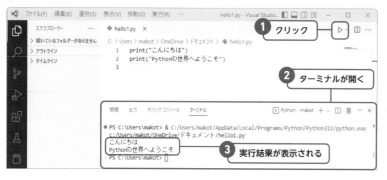

Python拡張機能の便利機能

　VS CodeにPython拡張機能をインストールしている場合、コマンドなどを数文字タイプすると候補が表示されます。

　例えば、「pr」までタイプすると候補が表示されます 図24 。候補はマウスでクリックするか、上下の矢印キーで選択できます。

図24 入力候補の表示

　入力ミスがあると、文字列の下に波線が表示されます 図25 。

図25 入力ミスをしたときの表示

> **memo**
> 波線にカーソルを合わせると、エラーの内容や修正候補が表示されます。

　マウスカーソルをコマンドの上に合わせると、マニュアルが表示されます 図26 。

図26 コマンドのマニュアルの表示

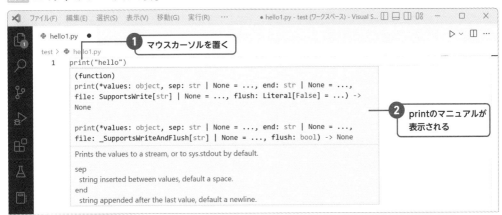

ターミナルでプログラムを実行する

　この節の最後に、ファイルに保存したPythonプログラムを、Windowsの「Windows PowerShell」やMacの「ターミナル」アプリといったターミナルで、Pythonインタプリタを使用して実行する方法について説明しましょう。

Windowsの場合

　Windowsではpythonコマンド 図27 を使用します。

図27 pythonコマンド

```
python  プログラムのパス
```

　「hello1.py」を実行するには、 図28 のようにします。

図28 hello1.pyを実行（Windows）

```
PS C:\Users\o2\Documents> python hello1.py Enter
こんにちは
Pythonの世界へようこそ
```

memo
エクスプローラで開いているフォルダが現在のディレクトリになるようにターミナルを開くには、開いているフォルダを右クリックし、メニューから「ターミナルで開く」を選択します。

Macの場合

　Macではpython3コマンド 図29 を使用します。

図29 python3コマンド

```
python3  プログラムのパス
```

　「hello1.py」を実行するには、 図30 のようにします。

図30 hello1.pyを実行（Mac）

```
o2@mbp1 samples % python3 hello1.py Enter
こんにちは
Pythonの世界へようこそ
```

memo
Finderで選択したフォルダが現在のディレクトリになるようにターミナルを開くには、フォルダを右クリックしメニューから「サービス」→「フォルダに新規ターミナル」を選択します。

memo
VS Codeの画面の下部に「ターミナル」を表示して実行することもできます。「ターミナル」が表示されていない場合「ターミナル」メニューから「新しいターミナル」を選択します。

　Macの場合、なぜPythonインタプリタとして「python」ではなく「python3」コマンドを使用するのでしょうか？ 実は、macOS Catalina以前は、古いバージョンのPython 2.xがデフォルトでインストールされていました。それとぶつからないように現在のバージョンであるPython3.xが「python3」としてインストールされたのです。

IDLEの利用

プログラムを作成するエディタと実行環境など、プログラムを開発するためのツールをひとまとまりにしたソフトウェアを「統合開発環境」と呼びます。

Pythonの配布パッケージには、IDLE（Integrated DevcLopment Environment）という簡易的な統合開発環境が同梱されています。

IDLEを起動するには、Windowsの場合、スタートメニューから「Python3.x」→「IDLE(Python〜)」を選択します。Macの場合は、「アプリケーション」→「Python 3.x」フォルダの「IDLE」（IDLE.app）をダブルクリックして起動します。

IDLEで対話モードを実行

Pythonプログラミングの基礎

このLessonでは、プログラミングが初めての方を対象にPythonプログラミングの基礎を解説していきます。まず、変数の使い方と簡単な計算について説明します。続いて、モジュールやクラスの利用法、条件分技や繰り返し、リストなどの重要なデータ構造について説明します。最後に、オリジナルの関数とクラスの作成について説明します。

準備 > 基本 > 応用 > 発展

Lesson 2

01 180 min

変数と計算

THEME テーマ

プログラミングの第一歩は値を格納する箱である「変数」を理解することです。この節では、まずは単純な計算方法について説明し、その後で変数の基礎とそれを利用した計算などについて説明します。

簡単な計算をしてみよう

変数を扱う前に、対話モード➡で簡単な計算をしてみましょう。まずは足し算から。演算子には算数と同じく「+」を使います。print関数の引数に「10 + 12」を指定して実行してみてください 図1 。

➡ 20ページ参照

図1 print関数の引数に「10 + 12」を指定

```
>>> print(10 + 12) Enter    ←10 足す 12 を計算する
22   ←計算結果が表示される
```

memo

「+」や「−」のような演算子の前後は、見やすくするために半角スペースを入れてもかまいません。

なお、対話モードではprint関数を使用せずに、計算式を入力して Enter を押すだけで結果が表示されます 図2。

図2 print関数を使わずに足し算を実行

```
>>> 10 + 12 Enter
22
```

小数の計算も行えます 図3。

図3 小数の計算を実行

```
>>> 1.5 + 2.2 Enter
3.7
```

同様に引き算を実行してみましょう 図4。

図4 引き算を実行

```
>>> 10.5 - 0.9 Enter
9.6
```

いろいろな演算子

基本的な演算子を 図6 に示します。注意点として算数と異なり、掛け算には「*」、割り算には「/」という記号を使用します 図5 。

図5 掛け算と割り算

```
>>> 3 * 4 Enter    ←掛け算
12
>>> 12 / 5 Enter    ←割り算
2.4
```

図6 基本的な計算を行う演算子

演算子	意味	例	説明
+	足し算	a + b	aとbを足した値を求める
−	引き算	a - b	aからbを引いた値を求める
*	掛け算	a * b	aとbを掛けた値を求める
/	割り算	a / b	aをbで割った値を求める
//	商	a // b	aをbで割った商を求める
%	余り	a % b	aをbで割った余りを求める
**	べき乗	a ** b	aのb乗を求める

優先順位を変えるには

複数の計算を1つの式で行う場合、演算子には優先順位があるので注意してください。算数と同様に、掛け算と割り算は、足し算と引き算に優先されます 図7 。

図7 演算子の優先順位

```
>>> 3 + 4 * 5 Enter    ←4 * 5 が優先される
23
```

優先順位を変えるには、優先したい部分を括弧「( )」で囲みます 図8 。

図8 優先したい部分を( )で囲む

```
>>> (3 + 4) * 5 Enter    ←3 + 4を優先する
35
```

数値と文字列は異なる型

Pythonでは、個々の値に「型」(Type)があります。整数値は「整数型」、文字列は「文字列型」となります。見た目は同じ「100」でも、Pythonの内部では文字列と数値では扱いが異なります。100というデータを文字列として扱う場合には、値をダブルクォーテーション「"」(もしくはシングルクォーテーション「'」)で囲み、数値の場合にはそのまま記述します 図9 。

図9 文字列と数値

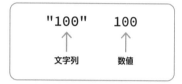

文字列の演算

Pythonでは、数値だけでなく文字列にも「+」や「*」による演算が可能です。例えば「+」演算子を使用すると、文字列を連結できます 図10 。

図10 +演算子を使って文字列を連結

```
>>> "こんにちは" + "Python" Enter
'こんにちは Python'
```

掛け算に使用した「*」演算子を使って「文字列 * 数値」とすると、文字列を指定した回数連結します 図11 。

図11 *演算値を使って文字列を複数回繰り返して連結

```
>>> "こんにちは" * 3 Enter    ←"こんにちは"を3回連結
'こんにちはこんにちはこんにちは'
```

```
>>> "こんにちは" * 3 + "Python" Enter
'こんにちはこんにちはこんにちは Python'
```

数値と文字列をそのまま連結できない

型が異なる値をそのまま計算したり連結したりすることはできません。例えば、「+」演算子で文字列と数値を連結しようとするとエラーとなり、エラーメッセージが表示されます 図12 。

図12 異なる型を連結した場合のエラー

```
>>> "令和" + 3 + "年" Enter    ←数値と文字列を連結するとエラー
Traceback (most recent call last): ←これ以降エラーメッセージ
  File "<stdin>", line 1, in <module>
TypeError: can only concatenate str (not "int") to str
```

型を調べるtype関数

ここまで、関数の例として引数の値を画面の表示するprint関数を使用してきましたが、関数にはなんらかの値を戻すものがあります。そのような値を「戻り値」といいます 図13 。

図13 戻り値

ここでは、引数として渡された値の型、つまりクラス名を戻り値として戻すtype関数を紹介します。例えば、文字列「Python」を引数にすると、「<class 'str'>」と表示されます 図14 。

図14 type関数の引数と戻り値

```
>>> type("Python") Enter
<class 'str'>
```

Lesson 1で、Pythonではすべてのデータはオブジェクトであり、オブジェクトを生成するひな形をクラス、生成されたオブジェクトをインスタンスと説明しましたが🔵、文字列はstrクラスのインスタンスであることを表しています。

12ページ参照

それでは数値はどうでしょう。数値を管理するクラスの代表が、整数を表すintクラスと、小数を扱うfloatクラスです。なお、小数は**浮動小数点方式**という方式により表現されます 図15 。

WORD 浮動小数点方式

浮動小数点方式 (floating point) とは、「3.14」を「314×10^-2」のように、数字を仮数、基数、指数の要素で表現すること。

図15 3.14を浮動小数点方式で表す

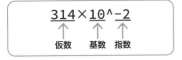

$$314 \times 10^{-2}$$

仮数　基数　指数

数値は小数点を付けないとint型、小数点を付けるとfloat型

　type関数をいろいろな値で試してみましょう。例えば、「3」は
intクラスのインスタンス、つまりint型の値です 図16 。

図16 type関数に整数を渡した場合

```
>>> type(3) Enter    ←整数
<class 'int'>
```

　小数点を付けて数値を記述すると、floatクラスのインスタンス、
つまりfloat型となります 図17 。

図17 type関数に小数を渡した場合

```
>>> type(3.14) Enter    ←小数
<class 'float'>
```

```
>>> type(1.0) Enter    ←小数
<class 'float'>
```

int型とfloat型の数値の計算

　int型とfloat型の数値は、型（クラス）は異なりますが、値を演
算することができます。注意点として、int型とfloat型の値、もし
くはfloat型の値同士を計算すると、必ずfloat型となります 図18 。

図18 int型とfloat型の足し算

```
>>> 1 + 1.0 Enter
2.0    ←小数点があるので float 型
```

　int型の値同士の演算では、割り算以外はint型となります 図19 。

図19 int型同士の足し算と掛け算

```
>>> 1 + 4 Enter
5    ←int 型
```

```
>>> 10 * 5 Enter
50    ←int 型
```

　int型同士の割り算では、割り切れたかどうかにかかわらずfloat
型になります 図20 。

図20 int型同士の割り算

```
>>> 10 / 2 Enter
5.0    ←割り切れても float 型
```

```
>>> 10 / 20 Enter
0.5    ← float 型
```

数値を文字列に変換する

数値と文字列は、関数を使用することで相互変換できます。

まず、str関数を使用すると、「34」や「3.14」のような数値を文字列に変換することができます 図21 。

図21 str関数で数値を文字列に変換

```
>>> str(3.14) Enter
'3.14'    ←クォーティングされているので文字列
```

str関数で数値を文字列に変換することで、文字列を連結できるようになります 図22 。

図22 str関数で数値を文字列に変換して連結

```
>>> "令和" + str(3) + "年" Enter
'令和3年'
```

文字列を数値に変換する

"100"のような文字列をint型の数値に変換するには、int関数を使用します 図23 。

図23 int関数で文字列を数値に変換

```
>>> int("100") Enter
100
```

これで数値として計算ができるようになります 図24 。

図24 int関数で文字列を数値に変換して足し算を実行

```
>>> int("100") + 2 Enter
102
```

ただし、"10.9"のような小数を表す文字列をint型へ変換しようとするとエラーになります 図25 。

図25 小数を表す文字列はint型に変換できない

```
>>> int("10.9") Enter
Traceback (most recent call last):
  File "<stdin>", line 1, in <module>
ValueError: invalid literal for int() with base 10: '10.9'
```

　そのような文字列は、float関数を使用してfloat型の数値に変換します 図26 。

図26 float関数で文字列の小数をfloat型に変換

```
>>> float("10.9") Enter
10.9    ←float 型
```

値を格納し名前でアクセスできる変数

　プログラムでは値を格納して名前でアクセスできるようにした「変数」が不可欠です。変数はよく値を格納する箱に例えられます。変数名は、変数を入れた箱に付けられた名札のようなイメージです 図27 。

図27 変数は値を格納する箱

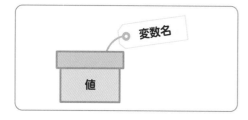

　変数がなぜ便利かを説明しましょう。例えば、複数のドルの金額から円の金額を求めたいとします。為替レートが「1ドル130円」の場合、プログラム内の処理の内容は次のようになるでしょう。

```
「1 * 130」を計算して表示
「2 * 130」を計算して表示
「10 * 130」を計算して表示
  ⋮
```

　まず、「130」という値が何を表しているのかが把握しづらいでしょう。また、レートが変わった場合には為替レートの値をすべて修正する必要があります。

　次のように、為替レートを「rate」という変数に入れておけばわかりやすいですし、レートが変更された場合には、rateの値を変更するだけで済みます。

```
変数 rate に 130 を入れる
「1 ＊ rate」を計算して表示
「2 ＊ rate」を計算して表示
「10 ＊ rate」を計算して表示
        ⋮
```

変数を使う

　変数に値を入れることを「代入する」といいます。図28のような書式になります。

図28 変数の書式

```
変数名 ＝ 値
```

> **memo**
> 算数の場合には「＝」は左辺と右辺が等しいことを示しますが、プログラミングでは代入を表すので注意してください。

　変数から値を取り出すには、単に変数名を記述します。例えば、print関数で変数の値を表示するには図29のようにします。

図29 print関数で変数の値を取り出す

```
print( 変数名 )
```

　変数には文字列や数値など任意のデータを代入できます。例えば変数nameに文字列として「"中田一郎"」を、変数ageに整数値「30」を代入し、print関数で表示する例を示します図30。

> **memo**
> 対話モードではprint関数を使用せずに「変数名 Enter」とするだけで値を表示できます。
>
> ```
> >>> age Enter
> 30
> ```

図30 変数を使ってprint関数で表示

```
>>> name = " 中田一郎 " Enter
>>> age = 30 Enter
>>> print(" 名前 :", name) Enter
名前： 中田一郎
>>> print(" 年齢 :", age) Enter
年齢： 30
```

文字列に値を埋め込む

「フォーマット文字列 (f文字列)」という書式を使用すると、変数の値を文字列に埋め込むことができます。

それには、文字列の前に「f」を記述し、内部の変数を展開したい部分に「{ 変数名 }」を記述します 図31 。

図31 フォーマット文字列の書式

```
f" ～ { 変数名 1} ～ { 変数名 2} ～ "
```

前述の変数nameと変数ageで試してみましょう 図32 。

図32 文字列に変数の値を埋め込む

```
>>> msg = f"{name} の年齢は {age} 歳です " Enter
>>> print(msg) Enter
中田一郎の年齢は 30 歳です
```

変数の値を計算する

変数に数値が入っている場合、変数から値を取り出して別の値と計算することができます 図33 。

図33 変数を使って計算を行う

```
>>> num1 = 10 Enter
>>> print(num1 * 5) Enter
50
>>> print(num1 + 10) Enter
20
```

変数に入っている文字列を、「+」演算子で連結することもできます 図34 。

図34 変数を使って文字列を連結する

```
>>> fname = " 山田 " Enter
>>> lname = " 花子 " Enter
>>> full_name = fname + lname Enter
>>> print(full_name) Enter
山田花子
```

推奨される変数名について

Pythonの変数名や関数名などの名前に使える文字は、半角のアルファベット、数字、アンダースコア「_」です。ただし、最初の文字は数字以外である必要があります。

また、以下のPythonのキーワードを変数名とすることはできません 図35 。

図35 変数名に使用できないPythonのキーワード

False	class	finally	is	return
None	continue	for	lambda	try
True	def	from	nonlocal	while
and	del	global	not	with
as	elif	if	or	yield
assert	else	import	pass	
break	except	in	raise	

なお、Pythonプログラムのコーディング規約に「PEP-8」(https://www.python.org/dev/peps/pep-0008/)がありますが、それによると、通常の変数名はすべて小文字にし、複数の単語を使う場合は、「your_data」のように単語の区切りにアンダースコア「_」を使用することが推奨されています 図36 。

図36 推奨される変数名の例

```
color
flower
my_name
my_red_car
```

! POINT

実際には、日本語などいわゆる全角文字を変数名に含めることができますが、海外では通用しないので使わないほうがよいでしょう。

キーボードから文字列を入力する

キーボードから文字列を入力して、それを変数に代入するにはinput関数を使用します 図37 。

図37 input関数の書式

```
変数 = input(" プロンプト ")
```

input関数の引数には、プロンプトとして表示するメッセージを指定します。 図38 に実行例を示します。

図38 input関数を使って変数に値を代入

```
>>> name = input(" 名前を入力してください： ") Enter
名前を入力してください： 徳川秀吉 Enter
>>> print(name) Enter
徳川秀吉
```

コメント

プログラム内に記述した注釈を「コメント」と呼びます。コメントは実行時には無視されます。Pythonでは「#」以降から行末までがコメントになります。 図39 に例を示します。

図39 comment1.py

```
# これはコメントです。
print("Hello") # これもコメントです。
```

また、対象部分をダブルクォーテーション「"」もしくはシングルクォーテーション「'」3つで囲むことにより、複数行のコメントとして扱うことができます 図40 。

図40 複数行のコメント例

```
"""
この部分はコメントになります
プログラムや関数の説明を記述できます
"""
```

ドルの値から円の値を求めるプログラム

これまでの説明をもとに、キーボードからドルの金額を入力し、円の金額を計算して表示するプログラム例を示します 図41 。

図41 dollar_to_yen1.py

```
# 為替レート
RATE = 130      ①

dollar_str = input("ドルの金額を入力してください： ")   ②
dollar = float(dollar_str)   ③
yen = dollar * RATE   ④

print(f"{dollar}ドルは{yen}円です")   ⑤
```

①で変数RATEに為替レートとして「130」を代入し、**定数**として使用しています。

②でinput関数によりキーボードからドルの金額を入力し、変数dollar_strに代入しています。この状態ではdollar_strの値は文字列のため、③のfloat関数で数値に変換し、変数dollarに代入しています。

④では、変数dollarと変数RATEの値を掛け算して円の金額を計算し、変数yenに代入しています。

⑤でフォーマット文字列を使用して変数dollarと変数yenの値を埋め込んで、結果を表示しています。

図42 実行結果(dollar_to_yen1.py)

```
ドルの金額を入力してください： 100 [Enter]
100.0ドルは13000.0円です
ドルの金額を入力してください： 30 [Enter]
30.0ドルは3900.0円です
```

WORD 定数

値を代入した後はプログラム内で変更しない変数のことを「定数」といいます。Pythonには通常の変数と定数の定義の方法に差はありません。わかりやすくするために定数は大文字で記述してもよいでしょう。

POINT

③の状態ではキーボードから「Hello」のような数値に変換できない値を入力すると、エラーとなります。対処法については『try～except文で例外をキャッチする』(62ページ)で説明します。

Lesson 2

02

モジュールとクラスを活用する

> **THEME**
> テーマ
>
> Python本体の基本機能はシンプルですが、便利な関数やクラスがモジュールとして用意されています。モジュールをプログラムに組み込むことをインポートといいます。この節ではモジュールをインポートし、関数やクラスを使う方法について説明します。

モジュールを活用するとより便利に

Pythonのプログラミングを効率よく行うのに欠かせないのがモジュールの活用です。例えば、ある月のカレンダーを表示したいとしましょう。自分でゼロからカレンダーを作成するのは意外と面倒です。実は、calendarモジュールのTextCalendarクラスという専用のクラスを使用すると、指定した年月のカレンダーを表示できるのです。また、平方根など複雑な計算を行いたい場合には、mathモジュールに用意された関数を使用すると便利です。

モジュールをインポートする

モジュールを使用できるようにするにはインポートという操作をします。モジュールは **図1** のようにimport文を使用してインポートします。

図1 モジュールのインポート

```
import モジュール名
```

インポートしたモジュールに含まれる関数を呼び出すには **図2** のようにします。

図2 モジュール内の関数を呼び出す

```
モジュール名 . 関数名 ( 引数 1, 引数 2, ...)
```

対話モードで試してみましょう。mathモジュールはさまざまな計算を行う関数が用意されたモジュールです。

これをインポートするには 図3 のようにします。

図3 mathモジュールのインポート

```
>>> import math Enter
```

これで、mathモジュールの関数に「math.関数名」でアクセスできるようになります。例えば、引数の値の平方根を求めるsqrt関数を使用するには 図4 のようにします。

図4 mathモジュールのsqrt関数を使う

```
>>> num = math.sqrt(25) Enter    ← 25 の平方根を求める
>>> print(num)
5.0
```

なお、mathモジュールには、関数だけでなく計算に使用する定数も用意されています。例えば、円周率の値には「math.pi」としてアクセスできます 図5 。

図5 mathモジュールの定数piを使って円周率を取得する

```
>>> math.pi Enter
3.141592653589793
```

指定した関数のみをインポートする

前述の 図3 のように「import math」とインポートすると、mathモジュールの関数がすべてインポートされました。それに対してimport文を 図6 のように実行すると、モジュールから指定した関数やクラス、変数のみをインポートできます。

図6 指定した関数、クラス、変数をインポート

```
from モジュール名 import 要素１, 要素２, ...
```

この場合、読み込んだ要素には関数名やクラス名だけでアクセスできます。 図7 にmathモジュールからsqrt関数と、小数点以下の値を切り捨てるfloor関数をインポートして使用する例を示します。

---

memo

対話モードではprint関数を使用せずに関数を実行するだけで結果が表示されます。

```
>>> math.sqrt(25) Enter
5.0
```

WORD 円周率

円の直径に対する円周の長さの比率。通常ギリシャ文字の「π」（パイ）で表記されます。

! POINT

「from モジュール名 import *」とするとモジュール内のすべての関数やクラスがインポートされ、名前でアクセスできます。ただし、関数やクラスがどのモジュールに属するかが不明瞭になるため推奨されていません。

図7 mathモジュールのsqrt関数とfloor関数をインポート

```
>>> from math import sqrt, floor Enter
>>> print(sqrt(16)) Enter    ←16の平方根を求める
4.0
>>> print(floor(3.14)) Enter    ←3.14の小数点以下を切り捨てる
3
```

図8 に、mathモジュールに用意されている主な関数を示します。

図8 mathモジュールの関数

関数	説明
ceil(x)	x の値以上の最小の整数を返す
floor(x)	x の値以下の最大の整数を返す
exp(x)	e の x 乗を返す
log(x)	x の自然対数を返す
pow(x, y)	x の y 乗を返す
sqrt(x)	x の平方根を返す
sin(x)	x のサインを返す（x の単位はラジアン）
cos(x)	x のコサインを返す（x の単位はラジアン）
tan(x)	x のタンジェントを返す（x の単位はラジアン）
radian(x)	角度 x をラジアンに変換して返す

WORD e
「e」は、自然対数の底（約2.718）。

モジュールのクラスをインポートする

前述のmathモジュールは、演算用の関数や定数がまとめられたモジュールですが、モジュールにはオブジェクトを生成するためのクラスがまとめられたものもあります。

例えば、calendarモジュールにはカレンダーを扱うためのさまざまなクラスや関数などが用意されています。

クラスからインスタンスを生成する

Lesson 1の『クラスとインスタンス』⏎で説明したように、クラスから生成したオブジェクトをインスタンスといいます。生成したインスタンスにはメソッドを実行できます。

12ページ参照

WORD メソッド
メソッドはクラスに結び付けられた関数と考えるとよいでしょう。

　calendar モジュールに用意されたテキスト形式のカレンダーを生成するクラスを例に、クラスからインスタンスを生成する方法を示しましょう。

　ここで、クラスからインスタンスを生成するには「コンストラクタ」と呼ばれる特別な関数を使用します。コンストラクタの名前はクラス名と同じです。

図9　コンストラクタ

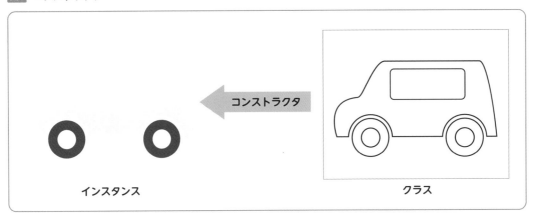

　コンストラクタを使用してインスタンスを生成し、変数に代入するには 図10 のようにします。

図9　コンストラクタを使ってクラスからインスタンスを生成

```
変数 = コンストラクタ（引数1, 引数2, ...）
```

　インスタンスを生成したら、図11 のような書式でメソッドを実行します。

図11　メソッドを実行する書式

```
変数.メソッド名（引数1, 引数2, ...）
```

　calendar モジュールの TextCalendar クラスには、引数で指定したひと月分のカレンダーを画面に表示する prmonth メソッド 図12 が用意されています。

図12 prmonthメソッド

メソッド	説明
prmonth(**年** , **月**)	指定した年、月のカレンダーを表示する

　これを使用して、2023年10月のカレンダーを表示するプログラム「cal1.py」を示します **図13** 。

図13 cal1.py

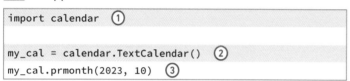

```
import calendar   ①

my_cal = calendar.TextCalendar()   ②
my_cal.prmonth(2023, 10)   ③
```

　①でcalendarモジュールをインポートしています。インポートしたモジュール内のクラスにアクセスする場合「モジュール名.クラス名」とします。
　②でTextCalendarクラスのコンストラクタを呼び出してインスタンスを生成し、変数my_calに代入しています。
　③でprmonthメソッドを「2023」と「10」を引数に実行しています。

⚠ **POINT**

TextCalendarクラスのコンストラクタに引数はありません。②のように引数がない場合でも最後に「( )」が必要です。

図14 実行結果(cal1.py)

```
     October 2023
Mo Tu We Th Fr Sa Su
                   1
 2  3  4  5  6  7  8
 9 10 11 12 13 14 15
16 17 18 19 20 21 22
23 24 25 26 27 28 29
30 31
```

必要なクラスのみをインポートする

　モジュールから関数をインポートする場合と同様に、 **図15** のようにするとモジュールから指定したクラスのみをインポートすることもできます。

図15 指定したクラスのみをインポートする

```
from モジュール名 import クラス名1, クラス名2, ...
```

こうするとモジュール内のクラスに、クラス名だけでアクセスできます。

図16 に、「cal1.py」を、calendarモジュールからTextCalendarクラスをインポートするように変更した例を示します。

図16 cal2.py

```
from calendar import TextCalendar

my_cal = TextCalendar()
my_cal.prmonth(2023, 10)
```

コンストラクタでインスタンスを生成する

Lesson 1の『Pythonではすべてオブジェクト』 ⬀ で、Pythonではすべてがオブジェクトと説明しました。ここまで使用してきた文字列はstrクラスのインスタンス、整数はintクラス、小数はfloatクラスのインスタンスです **図17**。

◉ 13ページ参照

図17 クラスとインスタンス

strクラスのインスタンス	intクラスのインスタンス	floatクラスのインスタンス
文字列	整数	小数
"Hello"	1	3.14
"さようなら"	2023	2.0
"Python"	99	0.8899

これらのクラスに関しては、コンストラクタを使用せずに値を直接記述することでインスタンスを生成できます。

例えば、strクラスのインスタンスを生成し変数helloに代入するには、これまで **図18** のように実行してきました。

図18 strクラスのインスタンスを生成し変数helloに代入

```
>>> hello = "Hello Python" Enter
```

　ここで、右辺の"Hello Python"は変数ではなく、値そのものです。このようにプログラムに直接記述した値を「**リテラル**」といいます。

　文字列のリテラルの代わりにstrコンストラクタを使用しても、strクラスのインスタンスを生成できます**図19**。

WORD ▶ リテラル

リテラルは、プログラム内にベタ書きした数値や文字列のこと。日本語では「直定数」などと呼ばれます。

図19 strコンストラクタでインスタンスを生成

```
>>> hello = str("Hello Python") Enter
```

　例えば、数値を文字列に変換するのに、str関数○を使用しました**図20**。

37ページ参照

図20 str関数で数値を文字列に変換

```
>>> year = str(2023) Enter    ←数値「2023」を文字列に変換
```

　このstr関数は、実はstrコンストラクタでもあったわけです。同様に、int関数はintコンストラクタ、float関数はfloatコンストラクタです**図21**。

図21 intコンストラクタとfloatコンストラクタ

```
>>> age = int("34") Enter    ←文字列「"34"」を整数に変換
>>> pi = float("3.14") Enter    ←文字列「"3.14"」を小数（浮動小数点数）に変換
```

文字列の取り扱い

　文字列はstrクラスのインスタンスですが、strクラスには文字列を扱うための多くのメソッドが用意されています。

　図22にstrクラスの基本的なメソッドをまとめておきます。処理対象となる文字列に対し、「文字列.メソッド」の形式で使用します。

図22 strクラスの基本的なメソッド

メソッド	説明
count(文字列 [, 開始 [, 終了]])	文字列内に引数で指定した文字列が出現する回数を戻す。開始位置、終了位置を指定することもできる
endswith(文字列)	文字列が引数で指定した文字列で終われば True を戻す。そうでなければ False を戻す
find(文字列)	文字列内に引数で指定した文字列が含まれていれば True を戻す。そうでなければ False を戻す
lower()	文字列を小文字にして戻す
replace(文字列 1, 文字列 2)	文字列内の文字列 1 を文字列 2 に置換して戻す
split(セパレータ)	文字列をセパレータで分割して戻す
startswith(文字列)	文字列が引数で指定した文字列で始まれば True を戻す。そうでなければ False を戻す
upper()	文字列を大文字にして戻す

memo
[ ]で囲まれた引数は必要に応じて指定できるもので、不要な場合は省略できることを示しています。

WORD　True

Trueは真の状態を表すbool型の値。

WORD　False

Falseは偽の状態を表すbool型の値。

　例えば、upper は文字列を大文字にして新たな str オブジェクトを戻すメソッドです **図23**。

図23 upperメソッドで小文字を大文字にする

```
>>> msg = "good morning" Enter
>>> u_msg = msg.upper() Enter    ←upper メソッドで大文字に変換
>>> print(u_msg) Enter
GOOD MORNING
```

memo
大文字を小文字にするには、lowerメソッドを使用します。

　str クラスのメソッドは、文字列リテラルに対して直接実行することもできます **図24**。

図24 文字列にupperメソッドを実行

```
>>> "hello".upper() Enter    ←文字列 "hello" に upper メソッドを実行
'HELLO'
```

if文で処理を切り分ける

プログラムは先頭から後ろへ順に実行されるだけとは限りません。処理を分岐させたり繰り返したりできます。それらの文のことを制御構造と呼びます。この節では、条件によって処理を切り分けるif文について説明します。

if文の基本的な使い方

「ある条件が成立した場合に何らかの処理を行いたい」といった場合に使うのがif文です 図1 。ifとは日本語では「もし〜ならば」という意味ですが、if文の「条件式」が成り立てば、その後ろのブロックが実行されます。

図1 if文

```
if 条件式:
    文1
    文2
    ⋮
```

> **memo**
> 条件が成立した場合に実行するブロックは、インデント(字下げ)する必要があります。インデントは半角スペース4つ分が推奨されています。tabによるインデントとスペースによるインデントを混在させることはできません。

年齢を入力しif文で成年かどうかを判定するプログラム

図2 に、キーボードから年齢を入力し、その値が18以上だと「成年です」と表示するプログラム「age1.py」を示します

図2 age1.py

```
age = input("年齢を入力してください: ")   ①
age = int(age)   ②
if age >= 18:   ③
    print("成年です")   ④
```

①では、input関数でキーボードから年齢を入力し、それを変数ageに代入しています。この段階では変数ageの値は文字列のため、②のint関数で整数に変換し、再び変数ageに代入しています。③のif文の条件式部分に注目してください。

```
age >= 18
```

「>=」は左辺と右辺を比較する演算子です。変数ageの値が18以上であれば条件式は「真」、つまり条件が成立し、④のprint関数が実行されます 図3。

図3 実行結果(age1.py)

```
年齢を入力してください： 20 Enter    ←「20」を入力
成年です
```

図4 if文

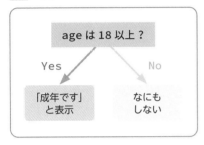

bool型と比較演算子

「age1.py」で使用した「>=」のような条件判断を行う演算子を「**比較演算子**」と呼びます。

図5 に、Pythonに用意されている主な比較演算子をまとめておきます。

WORD 比較演算子

比較演算子は左辺と右辺の値を比較し、結果としてTrueもしくはFalseを戻す演算子。

図5 主な比較演算子

演算子	例	説明
==	a == b	a と b の値が等しければ True、そうでなければ False
!=	a != b	a と b の値が等しくなければ True、等しければ False
>	a > b	a が b より大きければ True、そうでなければ False
>=	a >=b	a が b 以上であれば True、そうでなければ False
<	a < b	a が b より小さければ True、そうでなければ False
<=	a <= b	a が b 以下であれば True、そうでなければ False

これらの演算子は式が成り立てば真の状態を表すTrue、そうでなければ偽の状態を表すFalseというbool型の値を戻します。

対話モードで試してみましょう 図6。

図6　比較演算子はbool型の値を戻す

```
>>> 5 > 3 Enter   ←5は3より大きい？
True
>>> 3 >= 10 Enter   ←3は10以上？
False
```

　なお、左辺と右辺の値が等しいかを調べるには「==」演算子を使います 図7 。

図7　==演算子の例

```
>>> 5 == 4 Enter   ←5と4は等しい？
False
```

「==」演算子を使って文字列同士の比較も行えます 図8 。

図8　==演算子で文字列同士を比較

```
>>> name = "Python" Enter
>>> name == "Python" Enter   ←変数 name と "Python" は等しい？
True
```

! POINT

初心者が間違いやすい点ですが、「==」と「=」は役割が異なります。「=」は変数への代入となるので注意してください。

```
>>> val = 4 Enter
```
↑valに4を代入する

memo

比較演算子の結果で戻されるTrueとFalseはbool型の値、つまりboolクラスのインスタンスです。bool型の値はTrueとFalseの2値のみです。真と偽のどちらかの状態を表すため「真偽値」とも呼ばれます。

elseで条件式の結果がFalseの処理を加える

　次の形式でif 〜 else文を使用すると、条件式の結果がFalseの場合の処理を加えることができます 図9 。

図9　if〜else文

```
if 条件式：
    条件式が成立した場合に実行されるブロック
else:
    条件式が成立しなかった場合に実行されるブロック
```

　図10 に「age1.py」を変更し、年齢が18歳未満の場合に「未成年です」と表示するようにした「age2.py」を示します。

図10 age2.py

```
age = input(" 年齢を入力してください： ")
age = int(age)
if age >= 18:
    print(" 成年です ")
else:
    print(" 未成年です ")    ②        ①
```

　追加したのは①のelse部分です。変数ageが18未満の場合、②のprint関数が実行されます。

図11 実行結果(age2.py)

```
年齢を入力してください：  20 Enter
成年です
年齢を入力してください：  17 Enter
未成年です
```

図12 if〜else文

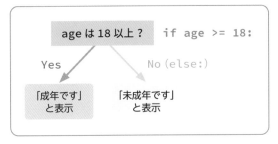

処理を3つ以上に分ける

　if文に **図13** のように「elif」を加えると、処理を3つ以上に分岐できます。

memo
elifは「else if」の略です。

図13 elif文

```
if 条件式 A:
    条件式 A が成立した場合のブロック
elif 条件式 B:
    条件 A が成立せず、条件 B が成立した場合のブロック
elif 条件式 C:
    条件 A と B が成立せず、条件 C が成立した場合のブロック


...


else:
    いずれの条件も成立しなかった場合のブロック
```

入力した点数に応じたメッセージを表示するプログラム

図14 に、キーボードからテストの点を入力し、その点数によってメッセージを変更するプログラム「test1.py」を示します。

図14 test1.py

```
point = input(" 点数を入力してください： ")

point = int(point)
if point < 40:
    print(" 不合格 ")
elif point < 60:
    print(" もう少し頑張りましょう ")
elif point < 80:
    print(" なんとか合格 ")
else:
    print(" 大変よくできました ")
```

if ～ elif ～ else を使用して、点数を格納した変数pointの値が40未満、60未満、80未満、それ以上と切り分けています。

図15 実行結果(test1.py)

```
点数を入力してください： 30 Enter
不合格
点数を入力してください： 50 Enter
もう少し頑張りましょう
点数を入力してください： 70 Enter
なんとか合格
点数を入力してください： 90 Enter
大変よくできました
```

図16 if～elif～else文

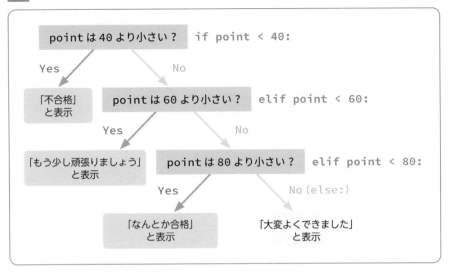

if文を入れ子にする

　if文のブロック内に、別のif文を入れて、if文を入れ子にすることができます。

　「test1.py」を変更し、入力した点数がマイナスの場合に「正の値を入力してください」と表示するようにした例を **図17** に示します。

図17 test2.py

```
point = input(" 点数を入力してください： ")

point = int(point)
if point >= 0:    ①
    if point < 40:
        print(" 不合格 ")
    elif point < 60:
        print(" もう少し頑張りましょう ")
    elif point < 80:
        print(" なんとか合格 ")
    else:
        print(" 大変よくできました ")
else:
    print(" 正の値を入力してください ")    ②
```

　①の外側のif文で変数pointの値が0以上かどうかを調べ、0以上の場合、内側のブロックのif文が実行されます。

変数pointがマイナスの数値の場合には、②のprint関数が実行され「正の値を入力してください」と表示されます。

図18 実行結果(test2.py)

```
点数を入力してください： 100 Enter
大変よくできました
点数を入力してください： -20 Enter
正の値を入力してください
```

図19 if文の入れ子

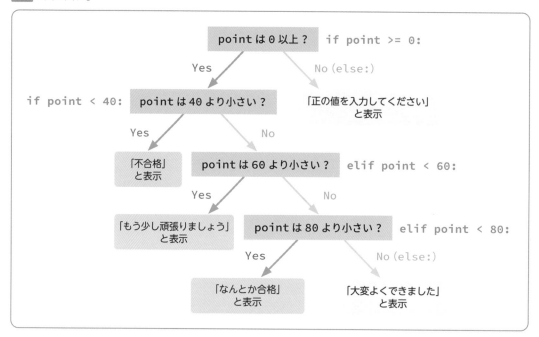

条件式を組み合わせる

図20に示す「論理演算子」と呼ばれる演算子を使用すると、複数の条件式を組み合わせることができます。

図20 論理演算子

演算子	例	説明
not	not a	値が True の場合には False、False の場合には True を戻す
and	a and b	a と b が True の場合に True、それ以外の場合には False を戻す
or	a or b	a と b のどちらかが True の場合には True、それ以外の場合には False を戻す

論理演算子はbool型の値つまりTrue、Falseに対して演算を行います。

まず、not演算子を使うと値を反転します 図21。

POINT

bool型の値を反転すると真偽が逆になります。TrueがFalseに、FalseがTrueになります。

図21 not演算子

```
>>> not True Enter
False
>>> not False Enter
True
```

and演算子は、左辺と右辺の両方がTrueの場合に結果がTrueとなります。or演算子はどちらか一方がTrueの場合にTrueとなります 図22。

図22 and演算子とor演算子

```
>>> True and True Enter
True
>>> True and False Enter
False
>>> True or False Enter
True
>>> False or False Enter
False
```

図23 論理演算子の働き

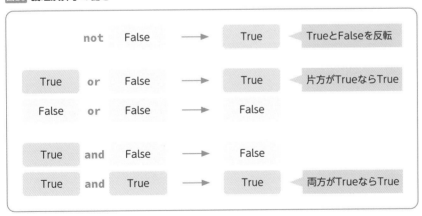

図24 にキーボードから入力した年齢に応じた入場料を表示するプログラム「fee1.py」を示します。

図24 fee1.py

```python
age = input("年齢を入力してください：")
age = int(age)

if age <= 7 or age >= 60:  ①
    print("入場料は無料です")
elif age <= 12:
    print("入場料は1,000円です")
else:
    print("入場料は2,000円です")
```

①でor演算子を使用して年齢が7歳以下もしくは60歳以上の場合は、「入場料は無料です」と表示します。

図25 実行結果(fee1.py)

年齢を入力してください：3 [Enter]
入場料は無料です

図26 論理演算子を使用したif文

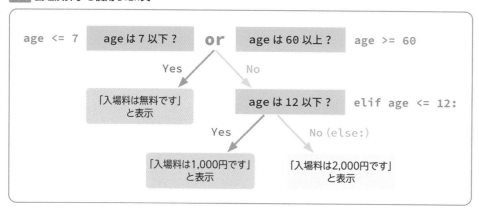

条件判断を1行で記述する条件式

「条件式」と呼ばれる次のような書式を使用すると、1つの式で条件判断を行って値を返すことができます 図27。

図27 条件式の書式

値1 if 条件式 else 値2

条件式の結果は「条件式」が成り立った場合に「値1」、成り立たなかった「値2」となります。

条件式を使うと、if文を1行で記述できます。

例えば、「age2.py」 ○ ではif文を使用して成年かどうかを判断していました 図28 。

55ページ参照

図28 age2.py（一部）

```
if age >= 18:
    print(" 成年です ")
else:
    print(" 未成年です ")
```
①

①のif文を条件式で記述すると 図29 のようになります。

図29 age3.py（一部）

```
print(" 成年です " if age >= 18 else " 未成年です ")
```

実行時のエラーを捕まえる例外処理

プログラムの実行時に何らかのエラーが起こる場合があります。そのようなエラーのことを「例外」といいます。

例えば、"34" のような文字列を整数値に変換するのにint関数を使用します。int関数は入力した年齢で成年かどうかを判断する「age2.py」などで使用してきました 図30 。

WORD　例外

例外(exception)とはプログラムに文法的なミスがなくても実行すると発生するエラー。例えば、数値を0で割ると「ZeroDivisionError」という例外が発生します。

図30 age2.py（一部）

```
age = input(" 年齢を入力してください： ")
age = int(age)
〜 略 〜
```

「age2.py」を実行し、キーボードから「good」のような整数に変換できない文字列を入力すると、ValueErrorというエラー、つまり例外となりメッセージが表示されます 図31 。

図31 実行結果（age2.py）

```
年齢を入力してください：good Enter
Traceback (most recent call last):
  File "/Users/o2/Library/Mobile Documents/com~apple~CloudDocs/Documents/
  python2022/Chap2/samples/2-3/age2.py", line 2, in <module>
    age = int(age)
          ^^^^^^^^
ValueError: invalid literal for int() with base 10: 'good'
```

　Pythonでは例外もオブジェクトです。最後の「ValueError」と表示されているのが、例外のクラス名となります。ValueErrorは、関数の引数などで適切でない値を受け取った場合に発生するエラーです。

図32 例外が発生するとプログラムが停止する

try〜except文で例外をキャッチする

　実行時に発生するかもしれない例外を捕まえて、何らかの後処理をすることを「例外処理」といいます。例外処理には「try 〜 except」という構文 図33 を使用します。

図33 try〜except文

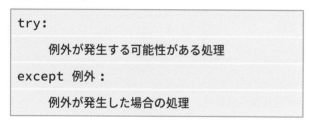

```
try:
    例外が発生する可能性がある処理
except 例外：
    例外が発生した場合の処理
```

　tryの後のブロックでは例外が発生する可能性がある処理を記述します。exceptでは捕まえる例外クラスを指定し、その後ろのブロックで例外が発生した場合の処理を処理します。こうすると、例外が発生してもエラーメッセージを表示せず、exceptの後ろのブロックが実行されます。

「age2.py」を変更し、年齢に整数化できない文字列を入力した場合の例外処理を行い、「年齢は整数で入力してください」というメッセージを表示してプログラムを終了するようにしてみましょう 図34 。

なお、プログラムの途中で終了するには、sysモジュールのexit関数を使用します。

図34 age4.py

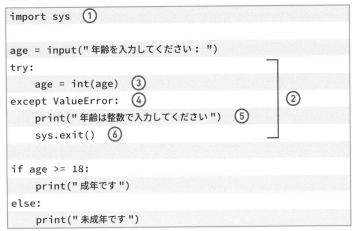

```
import sys  ①

age = input("年齢を入力してください： ")
try:
    age = int(age)  ③
except ValueError:  ④
    print("年齢は整数で入力してください")  ⑤
    sys.exit()  ⑥

if age >= 18:
    print("成年です")
else:
    print("未成年です")
```
②

①でsysモジュールをインポートしています。②のtryのブロックでは③のint関数で変数ageを整数に変換しています。④のexceptで前述のValueError例外が発生したら⑤でメッセージを表示し、⑥のexit関数でプログラムを終了しています。

図35 実行結果（age4.py）

```
年齢を入力してください： hello Enter
年齢は整数で入力してください
```

memo

次のようにexceptで例外クラスを指定しなかった場合には、任意の例外を捕まえられます。

```
try:
    ～
except: ←任意の例外を捕まえる
    ～
```

図36 try～except文で例外をキャッチする

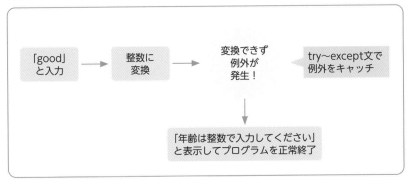

Lesson 2

処理を繰り返す

THEME
テーマ

if文による条件判断と並んでプログラミングに重要な制御構造に「繰り返し」があります。Pythonには、処理を繰り返すための制御構造として、for文とwhile文の2種類が用意されています。

for文で処理を指定した回数だけ繰り返す

まず、for文から説明しましょう。Pythonでは、for文で処理を指定した回数繰り返すには、rangeオブジェクトを組み合わせて 図1 のようにします。

図1 for文

```
for 変数 in range( 整数値 ):
    ブロック
```

inの後ろの「range(整数値)」はrangeクラスのコンストラクタです。こうすると0、1、2、…、「整数値-1」までカウントアップするrangeオブジェクトが生成され、その値が順にforの後ろに記述した変数に格納され、その後ろのブロックが実行されていきます。例えば、10回処理を実行したければ「range(10)」と指定します。

図2 に、処理を10回繰り返し、カウントアップされた変数の値を表示するプログラム「for1.py」を示します。

図2 for1.py

```
for num in range(10):
    print(num)
```

図3　実行結果(for1.py)

```
0
1
2
3
4
5
6
7
8
9
```

図4　forとrangeオブジェクト

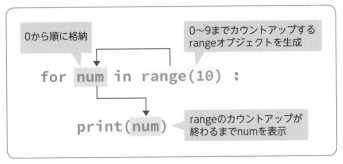

rangeコンストラクタでは開始とステップを指定できる

　rangeコンストラクタは「range(10)」のように引数を1つだけ記述した場合には、カウントアップの終了の数値を指定したことになります。開始する数、ステップ数（いくつずつカウントアップするか）を指定することもできます 図5 。

図5　rangeコンストラクタ

```
range([ 開始 ,] 終了 [, ステップ ])
```

!　POINT

Pythonのマニュアルでは、コマンドの書式の「[ ]」部分は省略可能であることを表します。

　「開始」を省略した場合には、「0」からカウントアップします。「終了」では、その数の前までカウントアップします（10を指定した場合には9まで）。

　例えば、10から100まで、5ずつカウントアップする例を 図6 に示します。

図6 for2.py

```
for num in range(10, 101, 5):    ①
    print(num)
```

POINT

rangeコンストラクタの2番目の引数の「終了」はその数は含まれないため「101」を指定している点に注意してください。

①でrangeコンストラクタに、開始として「10」、終了として「101」、ステップとして「5」を指定しています。

memo

rangeコンストラクタの最初の引数の「開始」を、2番目の引数の「終了」より小さい値にした場合は、カウントダウンします。

図7 実行結果(for2.py)

```
10
15
20
25
30
35

〜略〜

85
90
95
100
```

図8 rangeオブジェクトの引数をすべて指定

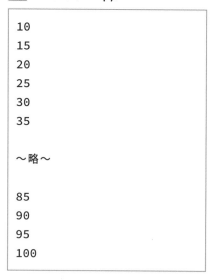

10から順に格納

10〜100まで5ずつカウントアップするrangeオブジェクトを生成

```
for num in range(10, 101, 5):

    print(num)
```

rangeのカウントアップが終わるまでnumを表示

令和の年を西暦に変換する

図9に、for文を使用して令和1年から10年までの年を西暦に変換する例を示します。

図9 reiwa1.py

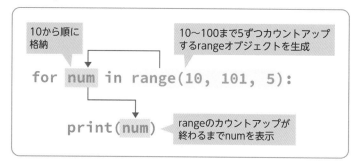

```
for reiwa in range(1, 11):    ①
    print(f"令和 {reiwa} 年は西暦 {reiwa + 2018} 年")    ②
```

①のfor文ではrangeコンストラクタで1から10までカウント
アップするようにして変数reiwaに代入しています。

②のprint関数ではフォーマット文字列を使用して変数reiwaと、
それに2018を足した西暦の年を埋め込んでいます。

!　POINT

フォーマット文字列は、「f"〜{変数}〜"」
の形式で変数の値を文字列内に埋め込
む機能（『文字列に値を埋め込む』（40
ページ）参照）。「{reiwa + 2018}」の
ように{}内に計算式を記述できます。

図10 実行結果(reiwa1.py)

```
令和 1 年は西暦 2019 年
令和 2 年は西暦 2020 年
令和 3 年は西暦 2021 年
令和 4 年は西暦 2022 年
令和 5 年は西暦 2023 年
令和 6 年は西暦 2024 年
令和 7 年は西暦 2025 年
令和 8 年は西暦 2026 年
令和 9 年は西暦 2027 年
令和 10 年は西暦 2028 年
```

図11 フォーマット文字列との組み合わせ

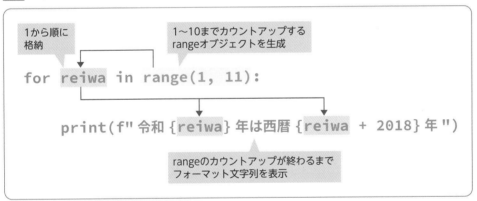

while文による繰り返し

繰り返し処理のためのもう1つの制御構造にwhile文がありま
す。whileの後ろに記述した条件が成り立っている間、処理を繰
り返します。

!　POINT

while文の場合、条件判断はループの開
始前に行われるため、最初に条件式が
成り立たないと処理は一度も行われな
いことになります。

図12 while文

```
while 条件式:
    処理
```

図13 に、「reiwa1.py」を for 文の代わりに while 文で書き換えた例を示します。

図13 reiwa2.py

```
reiwa = 1    ①

while reiwa < 11:   ②
    print(f" 令和 {reiwa} 年は西暦 {reiwa + 2018} 年 ")
    reiwa = reiwa + 1    ③
```

①で変数 reiwa に初期値として「1」を代入しています。②のwhile 文の条件式では「reiwa < 11」を指定し、変数 reiwa の値が 11 未満の間、処理を繰り返すようにしています。③で変数 reiwa の値に「1」を足してカウントアップしています。

> **memo**
> JavaScript や C 言語などでは「++」演算子を使用して「++変数」のように変数の値をカウントアップできますが、Python では「++」演算子は使用できないので注意してください。

図14 while の処理

1を格納
reiwaが11になったら処理を終了

```
reiwa = 1

while reiwa < 11:

    print(f" 令和 {reiwa} 年は西暦 {reiwa + 2018} 年 ")

    reiwa = reiwa + 1
```

whileの条件がFalseになるまでフォーマット文字列を表示

reiwaに1を足してカウントアップ

無限ループと break 文によるループの中断

次のように while 文の条件式部分に True を指定すると図15、条件が常に成立することになり、いわゆる「無限ループ」となります。

図15 無限ループ

```
while True:
    処理
```

このままだとループを抜けることはできないため、if 文とループを中断する break 文を組み合わせて、ある条件が成立したらループを抜けるという使い方がしばしば行われます図16。

図16 if文とbreak文を組み合わせてループを抜ける

```
while True:
    処理
    if 条件式:
        break    ←ループを抜ける
```

　図17に、「reiwa2.py」を、無限ループとbreak文を使用して書き直したプログラム「reiwa3.py」を示します。

図17 reiwa3.py

```
reiwa = 1

while True:    ①
    print(f" 令和 {reiwa} 年は西暦 {reiwa + 2018} 年 ")
    reiwa = reiwa + 1
    if reiwa > 10:    ②
        break    ③
```

　①でwhileの条件式に「True」を指定して無限ループ化しています。②のif文で変数reiwaの値が11以上の場合には、③のbreak文でループを脱出しています。

図18 無限ループを利用した場合

```
reiwa = 1                    1を格納

while True:                  whileの条件は
                             常にTrue
    print(f" 令和 {reiwa} 年は西暦 {reiwa + 2018} 年 ")
                             繰り返しが続いている間は
                             フォーマット文字列を表示
    reiwa = reiwa + 1        reiwaに1を足して
                             カウントアップ
    if reiwa > 10:
                             reiwaが10になったら
        break                breakで繰り返し終了
```

データをまとめて管理する
リスト、タプル、辞書

Lesson 2 05 180 min

THEME テーマ Pythonには1つの変数名で複数のデータを管理するデータ型が複数用意されています。この節では、それらの中からリスト、タプル、辞書について説明します。

インデックスで一連のデータを管理するリスト

Pythonの組み込み型には、一連のデータをまとめて管理するデータ型がいくつか用意されています。最初に説明する「リスト」（list）は、1つの変数名と、**インデックス**と呼ばれる番号により一連のデータをまとめて管理するデータ型です。

例えば、100人分の名前を通常の変数で管理しようとすると100個の変数が必要ですが、リストでは1つの変数名で扱うことができます 図1 。

WORD インデックス

インデックスはリストの要素を指定する0から始まる整数値で、「添字」とも呼ばれます。

memo
リストは、C言語やJavaScript言語などの「配列」に相当するデータ型です。

図1 リスト

リストの基本的な使い方

リストを生成し変数に代入するには、図2のようにします。

> **POINT**
>
> 空のリストを生成するには「[]」を記述します。
>
> ```
> >>> my_list = [] Enter
> ```

図2 変数にリストを代入する

```
変数名 = [ 要素1, 要素2, 要素3, ...]
```

リストのそれぞれの要素にアクセスするには、図3のようにします。

図3 リストの要素にアクセスする

```
変数名 [ インデックス ]
```

インデックスは最初の要素を「0」、次の要素を「1」…とする連番の整数値です。

図4に、リスト「days」に1週間分の曜日を順に格納する例を示します。対話モードで試してみましょう。

図4 リストに1週間分の曜日を順に格納

```
>>> days = ["月", "火", "水", "木", "金", "土", "日"] Enter
>>> days[0] Enter    ←最初の要素
'月'
>>> days[2] Enter    ←3番目の要素
'水'
```

図5 リストの構造

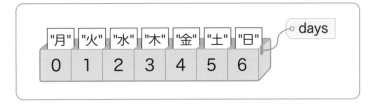

インデックスにマイナスの数値を指定すると、最後の要素から指定できます（最後の要素のインデックスを「-1」とします）図6。

図6 インデックスにマイナスの値を指定

```
>>> days[-1] [Enter]    ←最後の要素
'日'
>>> days[-2] [Enter]    ←最後から2番目の要素
'土'
```

要素を変更する

　リストの要素に値を代入することで変更できます。次の例は2番目の要素（インデックスが「1」の要素）の値を"北海道"に変更します 図7 。

図7 リストの要素を変更

```
>>> prefs = ["埼玉", "長野", "東京"] [Enter]
>>> prefs[1] = "北海道" [Enter]
>>> prefs [Enter]
['埼玉', '北海道', '東京']
```

要素数を求めるlen関数

　リストの要素数はlen関数でわかります 図8 。

図8 len関数

```
>>> len(days) [Enter]    ←リストdaysの要素数を表示
7
```

　したがって最後の要素のインデックスは「len(リスト) - 1」となります 図9 。

図9 最後の要素

```
>>> days[len(days) - 1] [Enter]
'日'
```

図10 len関数とインデックス

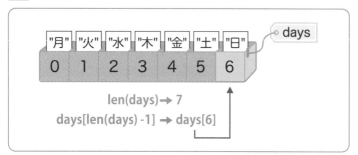

要素を追加する

リストの最後に要素を追加するにはappendメソッド 図11 を使用します。

図11 appendメソッド

メソッド	引数	説明
append(x)	x：追加する要素	リストの最後に引数xで指定した要素を追加する

図12 に、要素数が3のリスト「seasons」の最後に "冬" を追加する例を示します。

図12 リストの最後に要素を追加

```
>>> seasons = ["春", "夏", "秋"] Enter
>>> seasons.append("冬") Enter
>>> seasons Enter
['春', '夏', '秋', '冬']
```

要素を削除する

リストの要素を削除する方法はいくつかあります。まず、del文 図13 による方法を説明します。

図13 del文

```
del  リストの要素
```

図14 に、リスト「days」からインデックスが2の要素を削除する例を示します。

図14 リストdaysからインデックスが2の要素を削除

```
>>> days = ["月", "火", "水", "木", "金", "土", "日"] Enter
>>> del days[2] Enter
>>> days Enter
['月', '火', '木', '金', '土', '日']
```

また、popメソッド 図15 ではインデックスで指定した位置の要素を削除し、その値を取得できます。

図15 popメソッド

メソッド	引数	説明
pop([idx])	idx：インデックス	インデックスで指定した要素を削除しその値を戻す。省略した場合は最後の要素が対象になる

図16 リストから要素を削除して表示

```
>>> nums = [1, 2, 3, 4] Enter
>>> nums.pop(2) Enter    ←インデックスが「2」の要素を削除して表示
3
>>> nums Enter
[1, 2, 4]
```

図17 appnedメソッド、del文、popメソッド

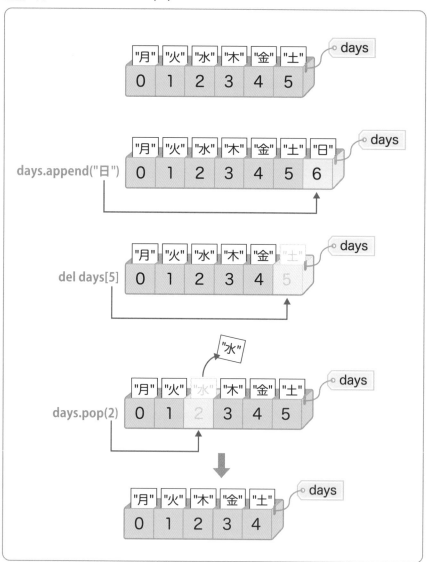

値が要素に含まれるかを調べる

in演算子 図18 を使用すると、値がリストに含まれているかを調べられます。

図18 in演算子

```
値 in リスト
```

in演算子は値がリストに含まれていればTrueを、含まれていなければFalseを戻します 図19 。

図19 リストに値が含まれているかどうかを調べる

```
>>> colors = ["赤", "青", "黄"] Enter
>>> "赤" in colors Enter
True
>>> "黒" in colors Enter
False
```

POINT

「not in」演算子を使用すると、要素が含まれていないかどうかを調べられます。含まれていなければTrueを、含まれていればFalseを戻します。

タプルは値を変更できないリスト

リストと同じように、名前とインデックスでひとまとまりのデータを管理するデータ型にタプル（tuple）があります。リストとの相違は、タプルは後から要素を追加、変更、削除できない点です。

タプルを生成するには、 図20 のような書式を使用します。相違は、リストの場合は全体を「[ ]」で囲み、タプルの場合には「( )」で囲む点です。

図20 タプルを生成する書式

```
変数名 = ( 要素1, 要素2, 要素3, ...)
```

値を取り出す方法はリストと同じで、「変数名 [インデックス]」とします 図21 。

図21 タプルから要素を取り出す

```
>>> seasons = ("春", "夏", "秋", "冬") Enter
>>> seasons[1] Enter
'夏'
```

リストと異なり、要素の値を変更しようとすると、TypeError
というエラー（例外)になります 図22。

図22 要素の値を変更するとエラーになる

```
>>> seasons[1] = "はる" Enter
Traceback (most recent call last):
  File "<stdin>", line 1, in <module>
TypeError: 'tuple' object does not support item assignment
```

for文でリストやタプルの要素を順に処理する

『for文で処理を指定した回数だけ繰り返す』 ⊙ では、range オブ
ジェクトを使用して、for文 図23 で繰り返し処理を行う方法につ
いて説明しました。

64ページ参照

図23 for文

```
for 変数 in range( 整数値 ):
    ブロック
```

実は、for文のinの後ろにリストや文字列などの**イテレート**可能
なオブジェクトを指定すると 図24、要素を先頭から取り出せます。

図24 イテレート可能なオブジェクトを指定

```
for 変数 in イテレート可能なオブジェクト
    ブロック
```

WORD **イテレート**

「イテレート：iterate」は反復、繰り返
し処理のことで、イテレート可能
(iterable) なオブジェクトはリスト、タ
プル、文字列など、順に要素を取り出
せるオブジェクト。

図25 に、リスト「seasons」から要素を取り出して表示する例を
示します。

図25 iter1.py

```
seasons = ("春", "夏", "秋", "冬")
for s in seasons:  ①
    print(s)
```

①でfor文のinの後ろにイテレート可能なオブジェクトとして
リスト「seasons」を指定しています。

図26 実行結果(iter1.py)

```
春
夏
秋
冬
```

文字列もイテレート可能なオブジェクト

文字列もイテレート可能なオブジェクトです。

図27 に文字列"赤青黄白"を代入した変数colorsから、1文字ずつ表示する例を示します。

図27 iter2.py

```
colors = " 赤青黄白 "
for s in colors:
    print(s)
```

図28 実行結果(iter2.py)

```
赤
青
黄
白
```

ONE POINT

シーケンス型について

リストやタプルのようにインデックスを指定して要素にアクセスできるようなデータ型を「シーケンス型」といいます。文字列もある種のシーケンス型です。インデックスにより個々の文字にアクセスできます。

```
>>> s1 = "Hello" Enter
>>> s1[0] Enter    ←最初の文字
'H'
>>> s1[1] Enter    ← 2 番目の文字
'e'
```

リストの内包表記

リストの「内包表記」(Comprehension)という書式を使用すると、リストを効率よく生成できます。

基本的なリストの内包表記の書式は 図29 のようになります。

図29 リストの内包表記の書式

> [式 for 変数 in イテレート可能なオブジェクト]

こうすると、文字列やリストといったイテレート可能なオブジェクトから要素を順に取り出して「変数」に格納し、「式」を実行した結果を要素とするリストを生成します。

内包表記はfor文と比較して実行すると動作がわかりやすいでしょう。for文を使用して、文字列"赤青黄黒"から文字を1文字ずつ取り出して、「"赤色", "青色", "黄色", "黒色"」を要素とするリスト「colors」を生成するには 図30 のようにします。

図30 comp1.py

```
word = "赤青黄黒"
colors = []
for c in word:
    colors.append(c + "色")
print(colors)
```

これを、内包表記を使って行うと 図31 のように記述できます。

図31 comp2.py

```
word = "赤青黄黒"
colors = [c + "色" for c in word]   ①
print(colors)
```

図32 for文と内包表記の違い

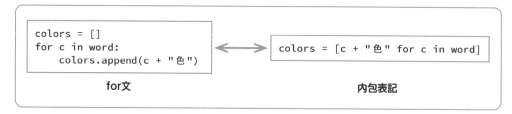

```
colors = []
for c in word:
    colors.append(c + "色")
```
for文

```
colors = [c + "色" for c in word]
```
内包表記

図33 実行結果

```
['赤色', '青色', '黄色', '黒色']
```

①で内包表記を使って文字列「word」から1文字ずつ取り出し、"色"と連結してリストの要素としています。

```
colors = [c + "色" for c in word]
```

図34 リストの内包表記

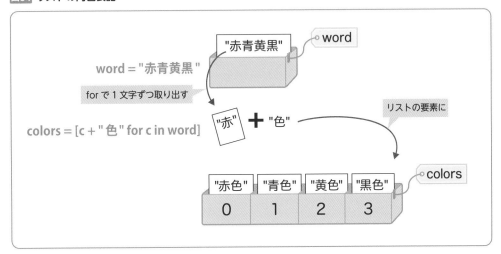

内包表記でリストからリストを生成する

前述の例ではイテレート可能なオブジェクトとして文字列を使用しましたが、リストやタプルでもOKです。

図35に、リスト「nums」に入れられている数値をround関数で丸め込んで（四捨五入して）、リスト「int_nums」に格納するプログラム「comp3.py」を示します。

図35 comp3.py

```
nums = [1.5, 3.4, 5.5, 4.5]    ①
int_nums = [round(n) for n in nums]    ②
print(int_nums)
```

①でリストnumsに小数を格納しています。②で内包表記の式にround関数を使用してリストnumsの要素を丸め込んで、リスト「int_nums」を生成しています。

```
int_nums = [round(n) for n in nums]
```

! POINT

round関数による丸め込みは、純粋な四捨五入とは若干異なります。判定する値が「5」の場合、結果が偶数となるようにします。

```
>>> round(1.5) Enter
2
>>> round(2.5) Enter
2
```

図36 実行結果

```
[2, 3, 6, 4]
```

条件を満たす要素のみを抽出する

　内包表記にif文を組み合わせると、イテレート可能なオブジェクトから条件にマッチする要素のみを取り出すことができます 図37 。

図37 内包表記にif文を組み合わせる

```
[ 式 for 変数 in イテレート可能なオブジェクト if 条件式 ]
```

　図38 に、"new.png" や "readme.txt" などのファイル名を要素とするリスト「files」から、拡張子が「.png」の要素のみを取り出してリスト「png_images」を生成するプログラム「comp4.py」を示します。

図38 comp4.py

```
files = ["news.png", "readme.txt", "sky.png",
         "index.html", "cat.png", "dog.jpg"]
png_images = [f for f in files if f.endswith(".png")] ①
print(png_images)
```

　①のリストの内包表記部分を見てみましょう。

```
png_images = [f for f in files if f.endswith(".png")]
```

　endswith は str クラスのメソッドで、文字列の最後が引数で指定した値と同じであればTrue、そうでなければFalse を戻します。つまり、リスト「files」から拡張子が「.png」の要素のみが抽出されます。

図39 実行結果

```
['news.png', 'sky.png', 'cat.png']
```

キーと値のペアを管理する辞書

辞書 (dic) は、キーとそれに対応する値のペアで一連のデータを管理するデータ型です。例えば、実際の英和辞典のように、英語の季節名をキーに日本語の季節名を値として管理することができます 図40。

図40 辞書のキーと値のペア

キー	値
spring	春
summer	夏
autumn	秋
winter	冬

辞書オブジェクトを生成するには、「キー：値」をカンマで区切って並べ、全体を「{ }」で囲みます 図41。

図41 辞書オブジェクトを生成する

```
{ キー1: 値1, キー2: 値2, キー3: 値3, ...}
```

図42 に、英語の季節名をキーに、日本語の季節名を値にした辞書を生成し、変数「seasons」に代入する例を示します。

図42 辞書を生成

```
>>> seasons = {"spring":"春", "summer":"夏", "autumn":"秋", "winter":"冬"} Enter
>>> print(seasons) Enter
{'spring': '春', 'summer': '夏', 'autumn': '秋', 'winter': '冬'}
```

図43 辞書の構造

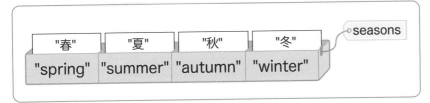

辞書から、あるキーに対する値を取り出すには、辞書の後の「[ ]」内にキーを指定します 図44。

図44 辞書からキーに対応する値を取り出す

> 辞書 [キー]

　例えば、seasons からキーが "summer" の値を表示するには**図45**のようにします。

図45 辞書から値を取り出す

```
>>> seasons["summer"] Enter
夏
```

　なお、間違えやすい点ですが、辞書から値を取り出す場合は「辞書 { キー }」ではなく、「辞書 [キー]」である点に注意してください**図46**。

図46 辞書{キー}にするとエラーになる

```
>>> seasons{"summer"} Enter    ←これはエラー
 File "<stdin>", line 1
   seasons{"summer"}
          ^
SyntaxError: invalid syntax
```

辞書の要素を変更する

　要素に値を代入することで、辞書の要素を変更できます**図47**。

図47 辞書の要素を変更

```
>>> countries = {"usa": " アメリカ ", "japan": " 日本 "} Enter
>>> countries["usa"] = " 米国 " Enter    ←キーが "usa" の値を " 米国 " に変更
```

　存在しないキーに値を設定すると要素が追加されます**図48**。

図48 辞書の要素を追加

```
>>> countries["england"] = " 英国 " Enter    ←新たにキー「england」の要素を追加
>>> countries Enter
{'usa': ' 米国 ', 'japan': ' 日本 ', 'england': ' 英国 '}
```

辞書の要素数はlen関数で求める

　リストやタプルなどと同じく辞書の要素数は len 関数で求めることができます**図49**。

図49 辞書の要素数をlen関数で求める

```
>>> len(seasons) Enter
4
```

辞書の要素を削除する

　リストと同じように要素を削除するには、del文 図50 を使用します。

図50 del文

```
del 辞書 [ キー ]
```

　図51 に例を示します。

図51 辞書の要素を削除する

```
>>> seasons = {"spring":"春", "summer":"夏", "autumn":"秋", "winter":"冬"} Enter
>>> del seasons["summer"] Enter
>>> seasons Enter
{'spring': '春', 'autumn': '秋', 'winter': '冬'}
```

辞書に指定したキーの要素が存在するかを調べる

　指定したキーと値のペアが存在するかを調べるには、in演算子を使用します 図52 。

図52 in演算子でキーの要素が存在するか調べる

```
キー in 辞書
```

　存在していればTrue、存在していなければFalseを戻します。
図53 に例を示します。

図53 キーの要素があるかどうかを確認

```
>>> colors = {"red":"赤", "blue":"青", "yellow":"黄"} Enter
>>> "red" in colors Enter
True
>>> "greens" in colors Enter
False
```

すべてのキーや値の一覧を取得する

辞書内のすべてのキーは keys メソッドで、値の一覧は values メソッドで取得できます。キーと値のペアの一覧は items メソッドで取得できます（キーと値のペアはタプルとなります）図54。

図54 一覧を取得

```
>>> colors = {"red":"赤", "blue":"青", "yellow":"黄"} Enter
>>> colors.keys() Enter    ←すべてのキーを取得
dict_keys(['red', 'blue', 'yellow'])
>>> colors.values() Enter    ←すべての値を取得
dict_values(['赤', '青', '黄'])
>>> colors.items() Enter    ←すべてのキーと値のペアを取得
dict_items([('red', '赤'), ('blue', '青'), ('yellow', '黄')])
```

keys、values、items メソッドの戻りは「ビュー」と呼ばれるタイプのオブジェクトです。list コンストラクタを使用することでリストに変換できます図55。

図55 listコンストラクタを使用してリストに変換

```
>>> list(colors.items()) Enter    ←キーと値のペアの一覧をリストに変換
[('red', '赤'), ('blue', '青'), ('yellow', '黄')]
```

! POINT

itemsメソッドの結果をリストに変換すると、リストの各要素はキーと値のペアのタプルとなります。

for文を使用して辞書の要素を順に取得する

keys、values、items メソッドの戻り値はイテレート可能なので for 文で表示できます。例えば、keys メソッドを使用して辞書「seasons」からキーを順に取り出して、キーと値を表示するには図56のようにします。

図56 dic1.py

```
seasons = {"spring":"春", "summer":"夏", "autumn":"秋", "winter":"冬"}

for key in seasons.keys():
    print(f"キー: {key}, 値: {seasons[key]}")
```

図57 実行結果(dic1.py)

```
キー: spring, 値: 春
キー: summer, 値: 夏
キー: autumn, 値: 秋
キー: winter, 値: 冬
```

memo

実際にはinの後ろに辞書を置くと、キーを順に戻すので、「seasons.keys()」は単に「season」とすることもできます。

前述の「dic1.py」では、keysメソッドを使用してキーを順に変数keyに格納しましたが、itemsメソッドでキーと値のペアを取得して処理することもできます（「dic2.py」）図58。この場合、キーと値のペアがタプルで戻されるので、forの後ろには2つの変数を記述します。

図58 dic2.py

```
seasons = {"spring":"春", "summer":"夏", "autumn":"秋", "winter":"冬"}

for key, value in seasons.items():
    print(f"キー: {key}, 値: {value}")
```

図59 実行結果（dic2.py）

```
キー: spring, 値: 春
キー: summer, 値: 夏
キー: autumn, 値: 秋
キー: winter, 値: 冬
```

Lesson 2

ユーザ定義関数を作成する

> **THEME**
> テーマ
>
> ここまでprint関数やsqrt関数などPython本体やモジュールに用意された関数を使用してきましたが、関数は自分で定義することもできます。この節ではユーザ定義関数の作成について説明します。

関数はdef文で定義する

Pythonではdef文 図1 を使用して、オリジナルの関数を定義します。

! POINT

関数の本体部分のブロックはインデントする必要があります。また戻り値がない場合には、return文は不要です。

図1 def文で関数を定義する

```
def 関数名 ( 引数 1, 引数 2, ...):
    処理
    return 戻り値
```

ユーザ定義関数は、図2 のように通常の関数と同じように呼び出すことができます。

図2 ユーザ定義関数の書式

```
関数名 ( 引数 1, 引数 2, ...)
```

ドルから円の金額を求める関数を定義する

図3 に、ドルの金額と為替レートを引数に、円の金額を戻すユーザ定義関数「dollar_to_yen」を定義する例を示します。

図3 dollar_to_yen2.py（一部）

```
def dollar_to_yen(dollar, rate):  ①
    yen = dollar * rate  ②
    return yen  ③
```

①のdef文でdollarとrateの2つの引数を持つ関数「dollar_to_yen」を定義しています。関数のブロックでは、②でdollarとrateをかけて円の金額を求め、変数yenに代入しています。③のreturn文でyenの値を呼び出し側に戻しています。

図4にdollar_to_yen関数を呼び出して使用する例を示します。

POINT

②③は1行で記述してもかまいません。

```
return dollar * rate
```

図4 dollar_to_yen2.py（一部）

```
dollar = 5
rate = 130
yen = dollar_to_yen(dollar, rate)   ①
print(f"{dollar} ドルは {yen} 円です ")
dollar = 10
yen = dollar_to_yen(dollar, rate)   ②
print(f"{dollar} ドルは {yen} 円です ")
```

①と②でdollar_to_yen関数を呼び出して円の金額を計算し、print関数で表示しています。

図5 実行結果（dollar_to_yen2.py）

```
5 ドルは 650 円です
10 ドルは 1300 円です
```

POINT

Pythonでは関数は呼び出す前に定義しておく必要があります。①②でdollar_to_yen関数を呼び出していますが、それより前の位置でdef文を使用してdollar_to_yen関数を定義しておかなければなりません。

引数のキーワード指定

関数を呼び出す場合に、図6のように「引数名＝引数の値」のように呼び出すことができます。

図6 関数を呼び出す

> 関数名 (引数名 1 = 値 1 , 引数名 2 = 値 2 , ...)

これを引数の「キーワード指定」といいます。キーワード指定することで引数が何を表しているかが明確になります。

図7の例は、name（名前）とpref（出身地）を引数に、「私は〜です。生まれは〜です」と表示する関数「say_hello」の定義です。

POINT

キーワード指定された引数を「キーワード引数」、キーワード指定されていない引数を「位置引数」といいます。

図7 say_hello1.py

```
def say_hello(name, pref):
    print(f" 私は {name} です。生まれは {pref} です ")

say_hello(" 中田巌 ", " 東京 ")
```

これをキーワード指定して呼び出すには、**図8** のようにします。

図8 say_hello2.py (一部)

```
say_hello(name=" 中田巌 ", pref=" 東京 ")
```

図9 実行結果(say_hello2.py)

```
私は中田巌です。生まれは東京です
```

引数をキーワード指定する場合、引数の順番を変えても OK です **図10** 。

図10 引数の順番を変えられる

```
say_hello(name=" 中田巌 ", pref=" 東京 ")
```
↓
```
say_hello(pref=" 東京 ", name=" 中田巌 ")
```

また、キーワード引数と位置引数を混在させる場合、キーワード引数の後ろに位置引数を記述することはできません **図11** 。

図11 キーワード引数と位置引数の順序

```
say_hello(" 中田巌 ", pref=" 東京 ")    ← OK

say_hello(name=" 中田巌 ", " 東京 ")    ← エラー
```

任意の数の引数を受け取る

関数定義の引数の前に「*」を記述すると、任意の個数の引数を受け取ることを表します。そのような引数を「可変長引数」などといいます。この場合、関数内では引数をタプルとして受け取ります。

図12 に、任意の数の整数を引数として受け取り、その総和を求める関数を示します。

図12 my_sum1.py（一部）

```
def sum(*nums):    ①
    result = 0
    for n in nums:            ②
        result = result + n
    return result
```

①で引数numの前に「*」を記述し可変長引数であることを示しています。引数はタプルとなるため、②のfor文で総和を求めています。

図13 に「my_sum1.py」で定義したsum関数を呼び出す例を示します。

図13 my_sum1.py（一部）

```
sum1 = sum(1, 9, 100)    ①
print(sum1)
sum2 = sum(9, 10, 5, 3, -5)    ②
print(sum2)
```

①と②で2回sum関数を呼び出して結果を表示しています。

図14 実行結果（my_sum1.py）

```
110
22
```

> **memo**
>
> Pythonにはもともと、引数で指定した数の合計を求めるsum関数が用意されています。用意されているsum関数では、引数は数値を要素とするリストで指定します。
>
> ```
> >>> sum([1, 9, 100]) Enter
> ```
> ↑引数をリストで指定
> ```
> 110
> ```

引数にデフォルト値を設定する

引数にデフォルトの値を設定しておくことができます。関数の呼び出し時に引数を指定しなかった場合に、デフォルト値が使用されます。

デフォルト値を設定するには、def文で関数を定義するときに「引数名＝デフォルトの値」を記述します 図15 。

図15 デフォルト値を設定

```
def 関数名（引数1=デフォルト値 , 引数2, ...）
```

例えば、「dollar_to_yen2.py」 ➲ のdollar_to_yen関数で、為替レートのデフォルト値を「130」にするには 図16 のようにします。

86ページ参照

図16 dollar_to_yen3.py（一部）

```python
def dollar_to_yen(dollar, rate=130):
    yen = dollar * rate
    return yen
```

こうすると、2番目の引数の為替レートを省略した場合に、デフォルト値として130が使用されます 図17 。

図17 dollar_to_yen3.py（一部）

```python
dollar = 5
yen = dollar_to_yen(dollar, 120)    ①
print(f"{dollar} ドルは {yen} 円です")
dollar = 10
yen = dollar_to_yen(dollar)    ②
print(f"{dollar} ドルは {yen} 円です")
```

①では引数rateの値を「120」にしてdollar_to_yen関数を呼び出しています。②では引数rateを省略してdollar_to_yen関数を呼び出しているため、デフォルト値の「130」が使用されます。

図18 実行結果（dollar_to_yen3.py）

```
5 ドルは 600 円です
10 ドルは 1300 円です
```

シンプルな関数を定義するラムダ式

シンプルな処理を行う関数は、def文を使用しないで「ラムダ式」（lambda式）という書式で定義できます 図19 。
まず、「lambda」の後に引数をカンマ「,」で区切って指定します。その後ろの「:」の後に処理を記述します。これで処理を行った結果が戻されます。

> **memo**
> ラムダ式は名前がない関数という意味で「無名関数」とも呼ばれます。

図19 ラムダ式

```
lambda 引数 1, 引数 2, ...: 処理
```

ラムダ式を変数に代入しておくと、defで定義した関数のように呼び出せます 図20 。

図20 **ラムダ式を変数に代入**

```
変数 = lambda 引数 1，引数 2，...: 処理    ←ラムダ式を変数に代入
変数 ( 引数 1，引数 2，...)    ←関数と同じように呼び出せる
```

ラムダ式ではデフォルト値も使用できます。「dollar_to_yen3.py」のdollar_to_yen関数をラムダ式で記述すると、図21 のようになります。

図21 dollar_to_yen4.py

```
dollar_to_yen = lambda dollar, rate=130: dollar * rate  ①

dollar = 10
yen = dollar_to_yen(dollar)  ②
print(f"{dollar} ドルは {yen} 円です ")
```

①でラムダ式を定義し、変数dollar_to_yenに代入しています。②でそれを呼び出しています。

図22 **実行結果(dollar_to_yen4.py)**

```
10 ドルは 1300 円です
```

オリジナルのクラスを作成する

THEME テーマ　Pythonではすべての値がオブジェクト、つまりクラスから生成されるインスタンスです。ここではオリジナルのクラスの作成方法とその利用法について説明します。

クラスを定義する

クラスの定義は「class」で行います。次に基本的なクラスの構造を示します。

図1　クラスの構造

```
class クラス名：
    def __init__(self, 引数1, 引数2, ...):   ①
        初期化メソッドのブロック
    def メソッド1(self, 引数1, 引数2, ...):
        メソッド1のブロック
    def メソッド2(self, 引数1, 引数2, ...):
        メソッド2のブロック
    ⋮
```

クラスのメソッドについて

クラスのメソッドは関数と同じくdef文で定義します。注意点としては、クラスのメソッドは第一引数には必ず「self」を指定します。

初期化メソッド「__init__」

インスタンスの初期化が必要な場合、①の初期化メソッドで行います。初期化メソッドの名前は「__init__」に決まっています。コンストラクタに記述した引数は**初期化メソッド**に渡されます。

WORD　self

selfは、自分自身を示す特別な値。

WORD　初期化メソッド

初期化メソッドはインスタンス生成時に行う処理を記述するメソッド。インスタンス生成直後に呼び出されます。

！　POINT

初期化メソッド「__init__」のように前後の「__」に挟まれた名前のメソッドは特別な役割のメソッドで「特殊メソッド」と呼ばれます。

インスタンス変数にアクセスするには

　インスタンスに固有の変数を「インスタンス変数」と呼びます。インスタンス変数はオブジェクトのプロパティです。

　クラスのメソッドは第一引数には必ずselfを指定しますが、メソッドの内部ではインスタンス変数に「self.変数名」でアクセスします。例えば、インスタンス変数に値を設定するには**図2**のようにします。

図2 インスタンス変数に値を設定

```
self.変数名 = 値
```

Dollクラスを作成する

　図3では、おもちゃの人形を生成するDollクラスを定義する例を示します。インスタンス変数としては名前を管理する「name」を、メソッドとしては「私〜、よろしくね！」と表示するgreetメソッドを持つものとします。

図3 doll1.py（クラス定義部分）

```
class Doll:    ①
    def __init__(self, name):    ②
        self.name = name    ③
    def greet(self):    ④
        print(f"私 {self.name} ちゃん、よろしくね！")    ⑤
```

　①のclassでDollクラスを定義しています。

　②が初期化メソッド「__init__」です。引数はselfと、name（名前）となります。

　③でインスタンス変数nameに、引数のnameを代入しています。このようにインスタンス変数と引数は同じ名前でもかまいません。

　④がgreetメソッドの定義です。最初の引数にselfを指定することを忘れないようにしてください。⑤のprint文でメッセージを表示しています。インスタンス変数nameに「self.name」としてアクセスしている点に注意してください。

Dollクラスのインスタンスを生成する

　図4に、Dollクラスのインスタンスを生成し、greetメソッドを呼び出す例を示します。

図4 doll1.py（インスタンスの生成部分）

```
rica = Doll("リカ")   ①
rica.greet()   ②
hana = Doll("ハナ")   ③
hana.greet()   ④
```

①で"リカ"を引数にDollコンストラクタを呼び出してインスタンスを生成し、変数ricaに代入しています。②でgreetメソッドを実行しています。

同様に、③で"ハナ"を引数にDollクラスのインスタンスを生成し、④でメッセージを表示しています。

図5 実行結果（doll1.py）

```
私リカちゃん、よろしくね！
私ハナちゃん、よろしくね！
```

クラスをモジュール化する

オリジナルのクラスや関数をモジュールとして保存し、別のプログラムでインポートして使用できます。モジュールといっても通常のPythonのプログラムファイルと同じです。拡張子を「.py」にしたテキストファイルとして保存しただけでかまいません

このとき、ファイルの最後に **図6** のようなif文を記述しておくとクラスのテストに便利です。

図6 ファイルの最後にif文を記述

```
if __name__ == "__main__":   ①
    テスト用のブロック
```

クラス定義の後ろのif文では、通常のプログラムとして実行された場合の処理を記述しておきます。

その理由について説明しましょう。①のif文の条件式では変数「__name__」の値が"__main__"と等しければ、その後ろのブロックが実行されます。通常のプログラムとして実行した場合には、変数「__name__」には値として"__main__"が格納されます。したがってテスト用のブロックが実行されます。

　モジュールとして読み込まれた場合には「__name__」にはモジュール名が入るので、その後のブロックは実行されないわけです。

Dollクラスをモジュール化する

　以上のことをもとに、「doll1.py」を変更してモジュール化し、テスト用のブロックを追加した例を図7に示します。

図7 doll2.py

```python
class Doll:
    def __init__(self, name):
        self.name = name
    def greet(self):
        print(f" 私 {self.name} ちゃん、よろしくね！")

if __name__ == '__main__':   ①
    rica = Doll(" リナ ")
    rica.greet()
    hana = Doll(" ハナ ")
    hana.greet()
```

　①のif文以降がテスト用のブロックです。これで「doll2.py」を通常のプログラムとして実行した場合に、if文のブロックが実行されます。

図8 実行結果(doll2.py)

```
私リナちゃん、よろしくね！
私ハナちゃん、よろしくね！
```

モジュールを使用する

　これで、「doll2.py」をdoll2モジュールとしてインポートできるようになりました。図9にdoll2モジュールを使用するプログラム「doll_test1.py」を示します。

図9 doll_test1.py

```python
from doll2 import Doll   ①

rica = Doll(" リカ ")   ②
rica.greet()
hana = Doll(" ハナ ")
hana.greet()
```

> ✏ POINT
>
> 「doll2.py」と「doll_test1.py」は同じディレクトリに保存する必要があります。

①の impot 文で doll2 モジュール (doll2.py) から Doll クラスをインポートしています。

②以降では Doll クラスのインスタンスを生成し、greet メソッドを呼び出しています。

memo

import文 では「doll2.py」の 拡 張 子「.py」は不要です。

図10 実行結果(doll_test1.py)

```
私リカちゃん、よろしくね！
私ハナちゃん、よろしくね！
```

クラスを継承する

Lesson 1の『クラスを引き継いで機能を拡張する継承』で説明したように、既存のクラスの機能を引き継ぎ、新たな機能を加えてクラスを定義することを「継承」と呼びます。

あるクラスを継承したクラスを定義するには、「class クラス名」の後に「(継承元のクラス名)」を記述します **図11**。

12ページ参照

図11 ファイルの最後にif文を記述

```
class クラス名 ( 継承元のクラス名 ):
    クラス本体
```

図12 に、Doll クラスを継承し、新たにさよならの挨拶をする goodby メソッドを追加した、Modern_Doll クラスの例を示します。

POINT

Dollクラスがスーパークラス、それを継承したModern_Dollクラスがサブクラスになります。

図12 modern_doll1.py

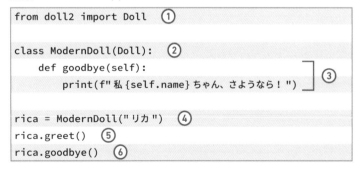

```
from doll2 import Doll      ①

class ModernDoll(Doll):     ②
    def goodbye(self):
        print(f"私 {self.name} ちゃん、さようなら！")   ③

rica = ModernDoll(" リカ ")   ④
rica.greet()      ⑤
rica.goodbye()    ⑥
```

①でdoll2モジュールからDollクラスをインポートしています。

②がDollクラスを継承するModernDollクラスの定義です。③で新たにgoodbyeメソッドを定義しています。

ModernDollクラスではgoodbyeメソッドのほかに、継承元であるDollクラスのメソッドが利用可能です。

④でModernDollクラスのインスタンスを生成し、変数ricaに代入しています。⑤で元のクラスであるDollクラスのgreetメソッドを、⑥でModernDollクラスに追加したgoodbyeメソッドを呼び出しています。

図13 実行結果（modern_doll1.py）

```
私リカちゃん、よろしくね！
私リカちゃん、さようなら！
```

デスクトップアプリを
作成する

Lesson 2でPythonの基礎が理解できたところで、ここからは応用編としてPythonを活用したアプリの作成について説明します。まず、このLessonではtkinterという標準のGUIモジュールを使用したデスクトップアプリ作成について解説します。

準備 　基本 　応用 　発展

tkinterを使ってみよう

THEME テーマ Pythonには、GUIアプリを作成するための標準モジュールとしてtkinterが付属しています。まずは、tkinterを使用したGUI部品の基本操作について説明しましょう。

初めてのデスクトップアプリ

tkinterではラベルやボタンなどのGUI部品のことを「ウィジット」と呼びます。まずは、次のようなウィンドウに3つのラベルを配置したシンプルなアプリ「tkinter1.py」図1 を通して、tkinterのウィジットの生成と配置について説明しましょう。

> **memo**
> tkinterは「ティーケイ・インター」と読みます。

図1 ウィンドウに3つのラベルを配置

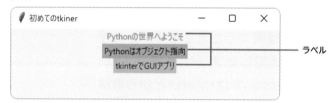

図2 にコードを示します。

図2 tkinter1.py

```
import tkinter as tk    ①

# メインウィンドウ
root = tk.Tk()    ②
# タイトル
root.title(" 初めての tkiner")    ③
# ウィンドウサイズ
root.geometry("400x100")    ④

# ラベル
label1 = tk.Label(root, text="Python の世界へようこそ ", bg="yellow", fg="green")    ⑤
label1.pack()
label2 = tk.Label(root, text="Python はオブジェクト指向 ", bg="orange")    ⑥
label2.pack()
```

```
label3 = tk.Label(root, text="tkinter で GUI アプリ", bg="pink")    ⑦
label3.pack()

# メインループ
root.mainloop()    ⑧
```

①でtkinterモジュールをtkとしてインポートしています。これでtkinterモジュールに「tk」としてアクセスできます。②でTkクラスのコンストラクタを実行してメインウィンドウを生成し、変数rootに代入します。

```
root = tk.Tk()
```

③のtitleメソッドはウィンドウのタイトルバーに表示するタイトルを設定します。④のgeometryメソッドではウィンドウのサイズを「"横(ピクセル数)x縦(ピクセル数)"」で設定しています。

ウィジットの設定

ウィジットには親子関係があります。この例ではメインウィンドウが親のウィジットで、その中に子のウィジットとしてラベルを3つ配置しています。

tkinterでは、親のウィジットに子のウィジットを配置する方法を管理するツールとして、3種類の「ジオメトリマネージャ」が用意されています 図3 。

図3 3種類のジオメトリマネージャ

ジオメトリマネージャ	説明
pack	ウィジットを縦一列、もしくは横一列に並べて配置する
grid	ウィジットを格子状に配置する
place	ウィジットの位置を親のウィジットの絶対座標で配置する

このサンプルではpackジオメトリマネージャを使用しています。packジオメトリマネージャで配置する場合、基本的に各ウィジットのコンストラクタは 図4 の形式で実行します。

図4 ウィジットのコンストラクタの書式

```
変数 = ウィジット ( 親のウィジット , キーワード引数によるオプションの設定 )
```

POINT

「import モジュール as 別名」とすることでモジュールに別名を設定できます。長いモジュール名を短い名前でアクセスしたいといった場合に便利です。

POINT

geometryメソッドでサイズを設定しない場合、ウィンドウサイズは内部のウィジットに応じて調節されます。

101

その後で、packメソッドを実行すると 図5 、ウィジットが配置されます。

図5 packメソッド

```
変数 .pack()
```

tkinterではラベルはLabelウィジットで設定します。⑤の最初のラベルの生成部分を見てみましょう。

```
label1 = tk.Label(root, text="Python の世界へようこそ ", bg="yellow", fg="green")
label1.pack()
```

この例では、メインウィンドウ（root）にラベルを配置しているため、第1引数である親のウィジットにはrootを設定します。textオプションでは、ラベルとして表示するテキスト"Pythonの世界へようこそ"を設定しています。

また、bgオプションでは、背景色を設定します。ここでは"yellow"（黄色）を設定します。fgオプションは文字色で、"green"（緑）に指定しています。

同様に⑥と⑦で、残りの2つのラベルを配置しています。

mainloopメソッドでイベント待ち

GUIプログラムでは、何らかの**イベント**を待ち受けてイベントの処理を行うことを「イベントループ」と呼びます。⑧のmainloopメソッドが、イベントループを開始してイベント待ちの状態となる命令です。

```
root.mainloop() ←イベントループを開始する
```

ウィジットのオプションは辞書のキーでアクセスできる

ラベルのtext（テキスト）やbg（背景色）といったウィジットのオプションは、オプション名を辞書のキーとして使用してもアクセスできます。

図6 の例を見てみましょう。

! POINT

色は、色名で指定するほかに、HTMLでもお馴染みの"#赤緑青"のRGB形式（各色は2桁の16進数）でも指定できます。例えば、赤は"#ff0000"となります。

memo

bgオプションは「background」、fgオプションは「foreground」としても同じです。

WORD イベント

イベントは、マウスのボタンをクリックしたりキーボードをタイプしたりすると発生する信号。

! POINT

このサンプルではイベントの処理を行っていませんが、mainloopメソッドがないとプログラムが終了してしまうので注意してください。

図6 tkinter2.py（一部）

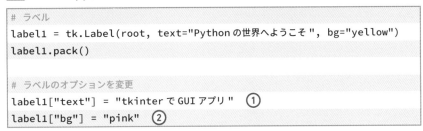

```
# ラベル
label1 = tk.Label(root, text="Python の世界へようこそ ", bg="yellow")
label1.pack()

# ラベルのオプションを変更
label1["text"] = "tkinter で GUI アプリ "   ①
label1["bg"] = "pink"   ②
```

①で text オプションを使用してラベルのテキストを "tkinter で GUI アプリ " に、②で bg オプションにより背景色を "pink" に設定しています。

> **memo**
> config メソッドを使用してもオプションを変更できます。text オプションを "Hello" に、bg オプションを "lightblue" にするには次のようにします。
>
> ```
> label.config(text="Hello",
>  bg="lightblue")
> ```

図7 実行結果（tkinter2.py）

packジオメトリマネージャで配置方法を指定する

pack ジオメトリマネージャを使用した場合、ウィジットの配置はサイズに応じて自動で行われます。デフォルトでは、ウィジットは記述した順に上から下に並べて配置されます。この配置方向は pack メソッドの side オプション**図8**で設定できます。

図8 sideオプションによる配置方向の指定

設定	説明
tk.TOP	上から下に（デフォルトの設定）
tk.LEFT	左から右に
tk.RIGHT	右から左に
tk.BOTTOM	下から上に

図9に、side オプションに「tk.LEFT」を指定して、左から順に横一列に配置する例を示します。

図9 tkinter3.py（一部）

```
# ラベル
label1 = tk.Label(root, text=" ラベル 1", bg="yellow")
label1.pack(side=tk.LEFT)
label2 = tk.Label(root, text=" ラベル 2", bg="orange")
label2.pack(side=tk.LEFT)
label3 = tk.Label(root, text=" ラベル 3", bg="pink")
label3.pack(side=tk.LEFT)
```

図10 実行結果（tkinter3.py）

パディングを設定する

ウィジットのパディング（余白）はpackメソッドの**図11**のようなオプションで設定します。

図11 パディングのオプション

オプション	説明
padx	外側の横のパディング
pady	外側の縦のパディング
ipadx	内側の横のパディング
ipady	内側の縦のパディング

値の単位はピクセル数です。例えば、水平方向の外側のパディングを10ピクセルにするには「padx=10」を指定します。
図12に設定例を示します。

図12 tkinter4.py（一部）

```
label1 = tk.Label(root, text=" ラベル 1", bg="yellow")
label1.pack(side=tk.LEFT, padx=10)
label2 = tk.Label(root, text=" ラベル 2", bg="orange")
label2.pack(side=tk.LEFT, ipady=20)
label3 = tk.Label(root, text=" ラベル 3", bg="pink")
label3.pack(side=tk.LEFT, ipadx=10, ipady=10)
```

図13 実行結果（tkinter4.py）

ウィジットを指定した方向に寄せて配置する

pack メソッドの anchor オプションでは、空きスペースがある場合にどの方向に寄せてウィジットを配置するかを指定します。E（東）、W（西）、S（南）、N（北）を組み合わせて指定します **図14**。デフォルトでは中央寄せ（tk.CENTER）です **図15**。

図14 ウィジットの配置方向

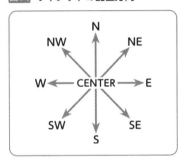

図15 anchorオプションによる配置方法の指定

設定	説明
tk.CENTER	中央寄せ
tk.W	左寄せ
tk.E	右寄せ
tk.N	上寄せ
tk.S	下寄せ
tk.NW	左上
tk.SW	左下
tk.NE	右上
tk.SE	右下

図16 に、side オプションを「tk.LEFT」にした状態で、anchor オプションに「tk.S」および「tk.N」を指定して、3つのラベルを下寄せ、上寄せで配置する例を示します。

図16 tkinter5.py（一部）

```
label1 = tk.Label(root, text=" ラベル 1", bg="yellow")
label1.pack(side=tk.LEFT, anchor=tk.S)  # 下寄せ
label2 = tk.Label(root, text=" ラベル 2", bg="orange")
label2.pack(side=tk.LEFT, anchor=tk.N)  # 上寄せ
label3 = tk.Label(root, text=" ラベル 3", bg="pink")
label3.pack(side=tk.LEFT, anchor=tk.S)  # 下寄せ
```

図17 実行結果（tkinter5.py）

ラベルの幅と高さを設定する

ラベルの幅を指定するには width オプションを使い、高さは height オプションで設定します。どちらも単位はピクセル数ではなく文字数です。

POINT

これらのオプションを指定しない場合には、テキストに応じて幅と高さが自動設定されます。

図18 tkinter6.py（一部）

```
label1 = tk.Label(root, text=" ラベル 1", bg="yellow", width=15)
label1.pack()
label2 = tk.Label(root, text=" ラベル 2", bg="orange", width=10, height=5)
label2.pack()
label3 = tk.Label(root, text=" ラベル 3", bg="pink", width=20, height=3)
label3.pack()
```

図19 実行結果（tkinter6.py）

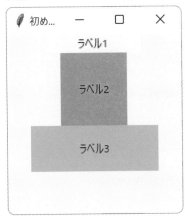

フォントを設定する

　フォントのファミリーやサイズは、ウィジェットのコンストラクタのfontオプションで、次のようなタプルとして指定できます。

図20 fontオプションの書式

(ファミリー ， サイズ ， ウエイト ， スラント ， 下線 ， 打ち消し線)

図21 fontオプションの設定項目

設定	説明
ファミリー	フォント名
サイズ	フォントサイズ
ウエイト	"normal": 通常（デフォルト）
	"bold": 太字
スラント	"normal": 通常（デフォルト）
	"italic": 斜体
下線	"normal": 通常（デフォルト）
	"underline": 下線あり
打ち消し線	"normal": 通常（デフォルト）
	"overstrike": 打ち消し線あり

> **memo**
> 「ウエイト」以降の要素は省略可能です。また、サイズのみを指定したい場合には、ファミリーに「""」（空文字列）を指定します。

107

図22 に設定例を示します。

図22 tkinter7.py（一部）

```
label1 = tk.Label(root, text="Python1", bg="yellow", font=("Courier", 35))
label1.pack()
label2 = tk.Label(root, text="Python1", bg="azure", font=("Times", 35))
label2.pack()
label3 = tk.Label(root, text="Python2", bg="orange", font=("", 30, "bold",
"overstrike"))
label3.pack()
label4 = tk.Label(root, text="Python3", bg="pink", font=("", 40, "normal",
"italic", "underline"))
label4.pack()
```

図23 実行結果（tkinter7.py）

空きスペースがある場合の設定

packメソッドのfillオプション 図24 では、親のウィジットに空いているスペースがある場合に、子のウィジットがそれを埋めるかどうか指定します。

図24 fillオプションによる空きスペースの指定

設定	説明
tk.NONE	元のサイズを保持する
tk.X	横に広がる
tk.Y	縦に広がる
tk.BOTH	縦横に広がる

図25 に、3つのラベルのうち、1番目と3番目のラベルのfillオプションに「tk.X」を指定して、ラベルを横いっぱいに広げる例を示します。

図25 tkinter8.py

```
label1 = tk.Label(root, text=" ラベル 1", bg="yellow")
label1.pack(fill=tk.X)
label2 = tk.Label(root, text=" ラベル 2", bg="orange")
label2.pack()
label3 = tk.Label(root, text=" ラベル 3", bg="pink")
label3.pack(fill=tk.X)
```

図26 実行結果(tkinter8.py)

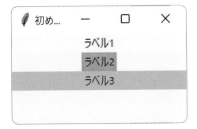

フレームを使用してウィジットをまとめる

フレーム(Frame)はウィジットをまとめて管理する入れ物です。フレームを使用すると柔軟なレイアウトが可能です。

図27 に、フレームを2つ用意し、それぞれのフレームにラベルを2つ横並びで配置する例を示します。

POINT

フレーム内部に別のフレームを配置するといったように、フレームを入れ子にすることもできます。

図27 tkinter9.py

```
# 最初のフレーム
frame1 = tk.Frame(root, bg="gray", padx=10, pady=20)    ①
frame1.pack()
# ラベル
label1 = tk.Label(frame1, text=" ラベル 1", bg="yellow")
label1.pack(side=tk.LEFT)                                  ②
label2 = tk.Label(frame1, text=" ラベル 2", bg="orange")
label2.pack(side=tk.LEFT)

# 2番目のフレーム
frame2 = tk.Frame(root, bg="lightblue", padx=10, pady=20)  ③
frame2.pack()
# ラベル
```

```
label3 = tk.Label(frame2, text=" ラベル 3", bg="pink")
label3.pack(side=tk.LEFT)
label4 = tk.Label(frame2, text=" ラベル 4", bg="darkgray")
label4.pack(side=tk.LEFT)
```
④

　①で最初のフレームを生成し、変数frame1に代入しています。
②で2つのラベルを生成しています。Labelコンストラクタの最
初の引数にframe1を指定しているため、ラベルはフレーム
frame1の内部に配置されます。
　③で2番目のフレームframe2を生成し、④でラベルを2つ配置
しています。

図28 実行結果(tkinter9.py)

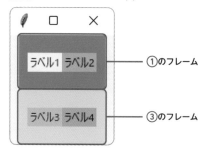

——— ①のフレーム

——— ③のフレーム

おみくじアプリを作成する

THEME テーマ tkinterの基本が理解できたところで、実際のアプリ作成について説明しましょう。まずは、シンプルなおみくじアプリ作成の方法を段階的に解説していきます。

作成するおみくじアプリについて

ここでは、図1 のようなシンプルなデスクトップアプリを作成します。「占う」ボタンをクリックすると、「大吉」(daikiti.png)、「中吉」(chukiti.png)、「小吉」(syokiti.png)、「凶」(kyo.png)のいずれかのおみくじイメージファイルを表示します。「クリア」ボタンをクリックするとおみくじをクリアします。

図1 おみくじアプリ

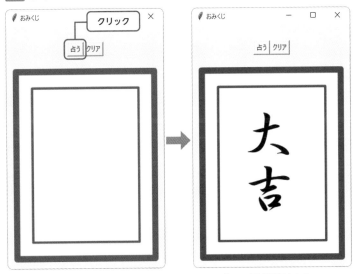

初期状態で「占う」ボタンをクリック　　　イメージファイルが表示される

おみくじのイメージファイル 図2 は、プログラムを保存したディレクトリの下の「kujis」ディレクトリに、まとめて保存してあります。

図2 用意したイメージファイル

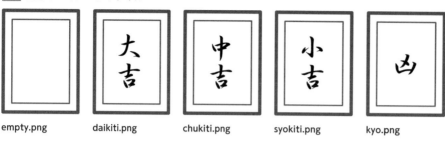

empty.png   daikiti.png   chukiti.png   syokiti.png   kyo.png

ボタンのGUI部品であるButtonウィジット

「占う」ボタンと「クリア」ボタンには、tkinterのButtonウィジットを使用します。Buttonウィジットは、ユーザがクリックすることによりなんらかのアクションを起こさせるGUI部品です。textオプションでラベルとして表示させる文字列を、commandオプションでクリックしたときのアクションとして実行する**コールバック関数**を指定します。

図3の例を見てみましょう。

WORD コールバック関数

コールバック関数は、何らかの処理を行うためにあらかじめ定義しておいて、必要に応じて呼び出される関数/メソッドのこと。

図3 button1.py（一部）

```
def clicked():
    print(" ボタンがクリックされました ")           ①

btn1 = tk.Button(root, text=" 押してください ", command=clicked, bg="yellow")   ②
btn1.pack()
```

①がコールバック関数clickedの定義です。内部では単にprint関数で「ボタンがクリックされました」と表示しています。

②がButtonウィジットを生成している部分です。commandオプションでクリックされたらclicked関数を呼び出すようにします。

ボタンをクリックすると、ターミナルに「ボタンがクリックされました」と表示されることを確認してください。

POINT

引数commandで指定する関数は、関数名のみを指定します。通常の関数の呼び出しのように「clicked()」の後に「()」を付けない点に注意してください。

図4 実行結果（button1.py）

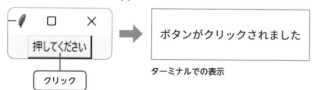

ボタンがクリックされました

ターミナルでの表示

memo

Macをご利用の場合、ボタンには背景色がつかない場合があります。

おみくじを文字列で表示する

おみくじをイメージファイルとして表示する前に、「占う」（uranau_btn）をクリックすると、ラベルに大吉、中吉、小吉、凶のいずれかのテキストが表示されるようにしてみましょう。

このとき、2つのボタンはbtn_frameというフレームにまとめています。また、占いの結果はshow_kujiというラベルに表示しています。「占う」ボタンがクリックされると、占いの結果を表示するuranau関数を呼び出しています。また、「クリア」ボタンがクリックされたらclear関数でテキストをクリアしています 図5。

図5 「占う」ボタンをクリックしてテキストをランダム表示

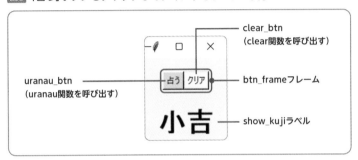

リストからランダムに抽出するには

プログラムでは、リスト「kijis」に「"大吉"，"中吉"，"小吉"，"凶"」という4つの文字列を格納し、「占う」ボタンがクリックされたらランダムに要素を取り出すという処理を行っています。

リストから要素をランダムに取り出すという処理はrandomモジュールのchoice関数を使うと簡単です。対話モードで確認してみましょう 図6。

図6 リストから要素をランダムに取り出す（対話モード）

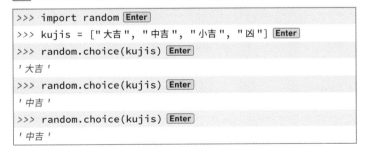

```
>>> import random Enter
>>> kujis = ["大吉", "中吉", "小吉", "凶"] Enter
>>> random.choice(kujis) Enter
'大吉'
>>> random.choice(kujis) Enter
'中吉'
>>> random.choice(kujis) Enter
'中吉'
```

全体のリストを確認する

図7 に、この時点でのおみくじプログラム「uranai1.py」を示します。

図7 uranai1.py

```python
import tkinter as tk
import random

def uranau():
    # 占いを実行する                          ①
    show_kuji["text"] = random.choice(kujis)

def clear():
    # 占いをクリアする                         ②
    show_kuji["text"] = ""

# メインウィンドウ
root = tk.Tk()
# タイトル
root.title("おみくじ")

# くじの中身
kujis = ["大吉", "中吉", "小吉", "凶"]          ③

# ボタンを配置するフレーム
btn_frame = tk.Frame(root, padx=10, pady=20)   ④
btn_frame.pack()
# 「占う」ボタン
uranau_btn = tk.Button(btn_frame, text="占う", command=uranau, bg="lightblue")   ⑤
uranau_btn.pack(side='left')
# 「クリア」ボタン
clear_btn = tk.Button(btn_frame, text="クリア", command=clear, bg="yellow")   ⑥
clear_btn.pack(side='left')

# 占い結果を表示するラベル
show_kuji = tk.Label(root, image="", font=("Helvetica", 30, "bold"))   ⑦
show_kuji.pack()

# メインループ
root.mainloop()
```

①でuranau関数を定義しています。処理としてはrandomモジュールのchoice関数でリストkujisから要素をランダムに取り出し、ラベルshow_kujiに表示しています。

```python
    show_kuji["text"] = random.choice(kujis)
```

②の clear 関数では、ラベル show_kijis を空文字列 "" にしています。

③では、リスト kujis の要素として "大吉", "中吉", "小吉", "凶" を代入しています。

④ではボタンを格納するフレーム btn_frame を作成し、その内部に⑤で「占う」ボタン、⑥で「クリア」ボタンを配置しています。

各ボタンでは、command オプションでそれぞれ uranau 関数と clear 関数を呼び出しています。

⑦がおみくじを表示する show_kuji ラベルの初期設定です。font オプションでフォントを「Helvetica ／サイズ30／ボールド体」に設定しています。

外部イメージの読み込みについて

続いて、イメージの読み込みについて説明しましょう。tkinter でイメージを表示するにはいくつかの方法があります。ここでは、tkinter 標準の PhotoImage クラスを使用して、ラベルやボタンにテキストの代わりにイメージを表示する方法を紹介します。

なお、PhotoImage クラスで読み込めるイメージフォーマットは、PNG、GIF、PPM、Xbitmap の4種類です。

ラベルにイメージを表示するには次のようにします。

> **POINT**
>
> JPEGのイメージファイルを読み込むには、『Pillowを使用してインターネット画像を表示する』(176ページ) で説明するPillowという外部モジュールを使用します。

1 PhotoImage クラスのコンストラクタにキーワード引数「file」でイメージファイルのパスを指定します。

```
my_image = tkinter.PhotoImage(file=" イメージのパス ")
```

2 Label のコンストラクタのキーワード引数「image」で、**1**で生成した PhotoImage オブジェクトを指定します。

```
label = tkinter.Label(frame, image=my_image)
```

図8 に、プログラムを保存したディレクトリの下の「images」ディレクトリの「radio1.png」をラベルに表示する例を示します。

図8 image_test1.py

```python
import tkinter as tk

# メインウィンドウ
root = tk.Tk()
# フレーム
frame = tk.Frame(root)
frame.pack()

# PhotoImage オブジェクトを生成
my_image = tk.PhotoImage(file="images/radio1.png")  ①
# ラベルに表示
label = tk.Label(frame, image=my_image)  ②
label.pack()

root.mainloop()
```

①で "images/radio1.png" を引数に、PhotoImage クラスのインスタンス my_image を生成しています。

②で Label クラスのコンストラクタで引数 image に①で生成した my_image を指定しています。

図9 実行結果(image_test1.py・後述するエラーになる可能性があります)

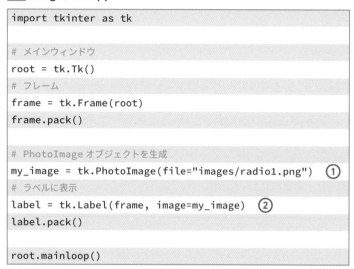

注意点として、PhotoImage クラスのコンストラクタでイメージのファイルを「images/radio1.png」といった**相対パス**で指定しているため、プログラムの実行は、プログラムを保存したディレクトリで行う必要があります。

他のディレクトリから実行すると、ファイルが見つからないといったエラーになります。例えば、ターミナル上で、プログラムを保存したディレクトリの1つ上のディレクトリから実行すると「no such file or directory」といったエラーになります**図10**。

WORD **相対パス**

相対パスは現在のディレクトリを起点
目的のファイルを指定する方法。

図10 ファイルが見つからない場合のエラー例

```
> python3 3-2/image_test1.py Enter
Traceback (most recent call last):
〜 略 〜
_tkinter.TclError: couldn't open "images/radio1.png": no such file or directory
```

任意のディレクトリで実行できるようにするには

　任意のディレクトリから実行できるようにするには、プログラムの保存されているディレクトリのパスを調べて、その下の「images/radio1.png」を**絶対パス**で指定するようにします。

　まず、OSによるパスの違いを吸収するには、os.pathモジュールを使用すると便利です。現在実行中のプログラムのパスは変数「__file__」に格納されています。

　パスからファイル名なしのディレクトリ部分のみを取り出すには、os.pathモジュールのdirname関数を使用します。

　したがって、dirname(__file__)の結果にイメージファイルのパス「images/radio1.path」を接続すれば、イメージファイルの絶対パスが求められます。パスの接続はos.path.join関数で行います。

　図11 に「image_test1.py」を任意のディレクトリから実行できるようにした「image_test2.py」を示します。

図11 image_test2.py（変更部分）

```
import tkinter as tk
import os.path    ①
〜略〜
image_path = "images/radio1.png"
dir_path = os.path.dirname(__file__)    ②
image_path = os.path.join(dir_path, image_path)    ③
my_image = tk.PhotoImage(file=image_path)
```

　①でos.pathモジュールをインポートしています。

　②でdirname関数でディレクトリのパスを求め、③でjoin関数でimage_pathと連結し絶対パスにしています。

おみくじをイメージファイルで表示する

　以上のことをもとに、「uranai1.py」を変更し、おみくじをイメージファイルで表示するようにしてみましょう 図12 。

図12 uranai2.py（一部）

```
import tkinter as tk
import os
import random

def uranau():
    # 占いを実行する
    show_kuji["image"] = random.choice(kujis)    ①

def clear():
    # 占いをクリアする
    show_kuji["image"] = default_img    ②

～略～

# デフォルトのイメージの読み込み（パスの相違を吸収）
default_img = tk.PhotoImage(
    file=os.path.join(os.path.dirname(__file__), "kujis/empty.png")    ③
)
# くじの4つのイメージファイル
kujis = [tk.PhotoImage(file=os.path.join(
    os.path.dirname(__file__), "kujis/kyo.png")),
    tk.PhotoImage(file=os.path.join(
        os.path.dirname(__file__), "kujis/syoukiti.png")),
    tk.PhotoImage(file=os.path.join(
        os.path.dirname(__file__), "kujis/chukiti.png")),    ④
    tk.PhotoImage(file=os.path.join(
        os.path.dirname(__file__), "kujis/daikiti.png"))]

# 占い結果を表示するラベル
show_kuji = tk.Label(root, image=default_img)    ⑤
show_kuji.pack()
```

　④でリストkujisの要素として、おみくじの各イメージをPhotoImageオブジェクトとして代入しています。os.pathモジュールのdirname関数とjoin関数を使用してパスの相違を吸収している点に注意してください。同様に③で変数default_imgに空のイメージを代入しています。

　uranau関数では、①でchoice関数を使用し、リストkujisからランダムに要素を取り出してラベルのイメージに表示しています。

　同様にclear関数では、②でデフォルトのイメージを表示しています

　⑤ではLabelコンストラクタのimageオプションで、ラベルの初期画像としてdefault_imgを設定しています。

図13 実行結果（uranai2.py）

GUIアプリをクラス化する

　Lesson 2の『クラスをモジュール化する』○で説明したように、GUIアプリをクラス化しておくと、モジュールとして利用できるようになります。tkinterのGUIプログラムでは、Frameクラスのサブクラスとして、オリジナルのクラスを作成するとよいでしょう。すこし難しくなりますが、**図14**に「uranai2.py」をUranaiクラスに変更した「uranai3.py」を示します。

94ページ参照

図14 uranai3.py

```python
import tkinter as tk
import os.path
import random


class Uranai(tk.Frame):                                              ①
    def __init__(self, master):                                      ②
        super().__init__(master,  padx=10, pady=10)                  ③
        self.pack()
        # ボタンを配置するフレーム
        self.btn_frame = tk.Frame(self, padx=10, pady=20)
        self.btn_frame.pack()
        #「占う」ボタン
        self.uranau_btn = tk.Button(self.btn_frame, text=" 占う ", command=self.uranau)
        self.uranau_btn.pack(side='left')
        #「クリア」ボタン
        self.clear_btn = tk.Button(self.btn_frame, text=" クリア ", command=self.clear)
        self.clear_btn.pack(side='left')


        # デフォルトのイメージの読み込み（ディレクトリの相違を吸収）
        self.default_img = tk.PhotoImage(
            file=os.path.join(os.path.dirname(__file__), "kujis/empty.png")
        )
        # くじの 4 つのイメージファイル
        self.kujis = [tk.PhotoImage(file=os.path.join(
            os.path.dirname(__file__), "kujis/kyo.png")),
            tk.PhotoImage(file=os.path.join(
                os.path.dirname(__file__), "kujis/syoukiti.png")),
            tk.PhotoImage(file=os.path.join(
                os.path.dirname(__file__), "kujis/chukiti.png")),
            tk.PhotoImage(file=os.path.join(
                os.path.dirname(__file__), "kujis/daikiti.png"))]


        # 占い結果を表示するラベル
        self.show_kuji = tk.Label(self, image=self.default_img)
        self.show_kuji.pack()

    def uranau(self):                                                ④
        # 占いを実行する
        self.show_kuji["image"] = random.choice(self.kujis)

    def clear(self):                                                 ⑤
        # 占いをクリアする
        self.show_kuji["image"] = self.default_img
```

```
if __name__ == '__main__':
    # メインウィンドウ
    root = tk.Tk()  ⑥
    # タイトル
    root.title("おみくじ")
    app = Uranai(root)  ⑦
    # メインループ
    root.mainloop()
```

①がUranaiクラスの定義です。「class Uranai(tk.Frame)」
でFrameクラスのサブクラスとしています。

②が初期化メソッドである「__init__」です。親フレームを
masterという引数で受け取っています。内部のインスタンス変数
には、「self.変数名」の形式でアクセスしている点に注意してく
ださい。

③ではスーパークラス（親クラス）であるFrameクラスの初期化
メソッドを呼び出しています。superは、スーパークラスのオブ
ジェクトを返す関数です。

> **POINT**
>
> 「super().スーパークラスのメソッド
> や変数」とすると、スーパークラスのメ
> ソッドや変数を参照できます。

```
super().__init__(master,  padx=10, pady=10)
```

④がuranauメソッド、⑤がclearメソッドです。どちらも自分
自身を示すselfを引数にしています。

メイン部分では、⑥でメインウィンドウを生成して変数rootに
代入しています。⑦でrootを引数に、Uranaiクラスのコンストラ
クタを呼び出しています。

Lesson 3

適正体重アプリを作成する

> **THEME テーマ** 引き続きtkinterを利用したデスクトップアプリの作成例として、テキストボックスに入力した身長と体重から適正体重と肥満度を表示するアプリを紹介します。

作成する適正体重アプリについて

　作成する適正体重アプリの画面を 図1 に示します。テキストボックスに「身長」と「体重」を入力して「計算」ボタンをクリックすると、適正体重、および BMI と肥満度が表示されます。

> **WORD BMI**
>
> BMI (Body Mass Index) はボディマス指数と呼ばれ、体重と身長から算出される肥満度を表す体格指数。

図1 適正体重アプリ

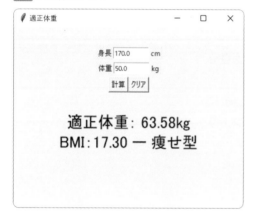

　数値に変換できない値が入力された場合には、メッセージボックスにエラーメッセージを表示します 図2 。

図2 エラーメッセージ

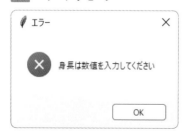

まず、BMIは 図3 の計算式で求められます。

図3　BMIの計算式

$$BMI\ =\ 体重\,kg\ \div\ (\,身長\,m\,)\verb|^|2$$

また、適正体重は標準のBMIの値を22として 図4 のように計算できます。

図4　適正体重の計算式

$$適正体重\ =\ (\,身長\,m\,)\verb|^|2\ \times\ 22$$

なお、肥満度などの判定は、日本肥満学会の判定基準にしたがっています 図5 。

図5　BMIと肥満度

BMI 値	判定
18.5 未満	低体重 (痩せ型)
18.5 〜 25 未満	普通体重
25 〜 30 未満	肥満 (1 度)
30 〜 35 未満	肥満 (2 度)
35 〜 40 未満	肥満 (3 度)
40 以上	肥満 (4 度)

Entryウィジット

新たに登場したウィジットについて説明しておきましょう。ユーザが文字列を入力するための、いわゆるテキストボックスと呼ばれるGUI部品がEntryウィジットです。

Entryウィジット内の文字列の取得と設定には、ウィジットに入力された値と変数を関連付ける 図6 のようなVariableクラスのサブクラスを使用すると便利です。

図6 Variableクラスのサブクラス

クラス	値の型
StringVar	文字列
IntVar	整数値
DoubleVar	小数
BooleanVar	真偽値

　例えば、Entryウィジットに入力された内容を文字列として扱うにはStringVarオブジェクトを使用します。いずれのクラスも、getメソッドで文字列の取得、setメソッドで文字列の設定が可能です。

　Entryウィジットでは、コンストラクタのtextvariableオプションで、StringVarオブジェクトを関連付けます。このようにEntryウィジットなどの値と関連付けた変数を「ウィジット変数」と呼びます。

　図7に、「取得」ボタンをクリックするとEntryから値を取得し、「設定」ボタンをクリックするとEntryウィジットに「こんにちは」と表示する例を示します。

図7 Entryウィジットの例

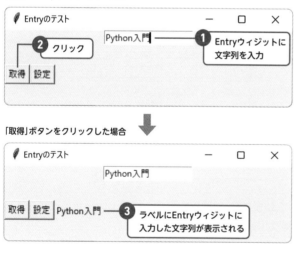

「取得」ボタンをクリックした場合

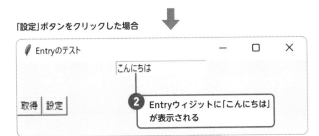

「設定」ボタンをクリックした場合

2 Entryウィジットに「こんにちは」が表示される

図8 に主要部分のコードを示します。

図8 entery1.py（一部）

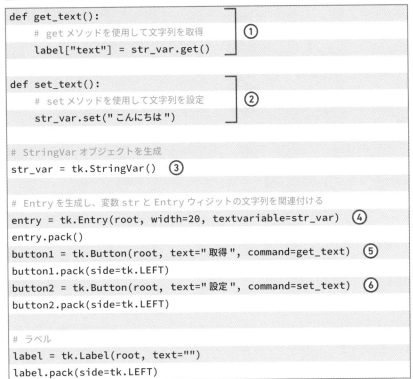

```
def get_text():
    # get メソッドを使用して文字列を取得   ①
    label["text"] = str_var.get()

def set_text():
    # set メソッドを使用して文字列を設定   ②
    str_var.set(" こんにちは ")

# StringVar オブジェクトを生成
str_var = tk.StringVar()   ③

# Entry を生成し、変数 str と Entry ウィジットの文字列を関連付ける
entry = tk.Entry(root, width=20, textvariable=str_var)   ④
entry.pack()
button1 = tk.Button(root, text=" 取得 ", command=get_text)   ⑤
button1.pack(side=tk.LEFT)
button2 = tk.Button(root, text=" 設定 ", command=set_text)   ⑥
button2.pack(side=tk.LEFT)

# ラベル
label = tk.Label(root, text="")
label.pack(side=tk.LEFT)
```

③でStringVarオブジェクトを生成し、変数str_varに代入しています。

```
str_var = tk.StringVar()
```

④でEntryオブジェクトを生成し、変数entryに代入しています。textvariableオプションで変数str_varと関連付けている点に注目してください。

POINT

Entryウィジットの幅はwidthオプションで設定します。単位は文字数です（ピクセル数ではありません）。

125

```
entry = tk.Entry(root, width=20, textvariable=str_var)
```

⑤で「取得」ボタンを定義し、commandオプションで、クリックされたら①のget_text関数を呼び出すようにしています。get_text関数では、StringVarのgetメソッドを使用してEntryウィジットのテキストを取得し、ラベルに設定しています。

```
label["text"] = str_var.get()
```

同様に⑥では「設定」ボタンを定義し、②のset_text関数を呼び出しています。set_text関数ではsetメソッドを使用してEntryウィジットに「こんにちは」と表示しています。

```
str_var.set("こんにちは")
```

📝 memo
StringVarクラス以外の、IntVarやDoubleVarなどのクラスの変数をEntryウィジットのテキストと関連付けた場合、取得時に値のチェックが行われます。例えば、IntVarを使用した場合、整数以外の値が入力するとgetメソッドでエラー（例外）が発生するので、try～except文（『try～except文で例外をキャッチする』62ページ参照）で捕まえて処理する必要があります。

メッセージボックス

エラーメッセージやその他の情報をダイアログボックスに表示するには、tkinter.messageboxモジュールの関数 図9 を使用します。

図9 メッセージボックスを表示する関数

関数	説明
showinfo	情報を表示する
showwarning	注意を表示する
showerror	エラーを表示する
askyesno	はい、いいえの質問を表示する

いずれの関数も最初の引数でタイトルバーに表示するタイトルを、2番目の引数でメッセージを指定します。例えば、エラーメッセージを表示するshowerror関数は 図10 のように使用します。

図10 msg1.py（一部）

```
import tkinter.messagebox
～略～
tkinter.messagebox.showerror("エラー", "エラーが発生しました")
```

図11 実行結果(msg1.py)

なお、askyesno関数はユーザが「はい」ボタンをクリックすると
Trueを、「いいえ」ボタンをクリックするとFalseを戻します。

図12 msg2.py(一部)

```
yesno = tkinter.messagebox.askyesno(" メッセージ ", " ボタンがクリックされました ")
print(yesno)
```

図13 実行結果(msg2.py)

「はい」をクリックするとTrue、
「いいえ」をクリックするとFalse
がターミナルに表示される

適正体重アプリを作成する

以上の説明をもとに適正体重アプリ「stdweight1.py」図14を作
成してみましょう。ここでは、適正体重アプリの本体を
StdWeightクラスとして定義しています。

図14 stdweight1.py

```
import tkinter as tk
import tkinter.messagebox

class StdWeight(tk.Frame):
    r_bmi = 22   # 標準の BMI 値 ①

    def __init__(self, master):   ②
        super().__init__(master, bg="yellow", padx=10, pady=30)
        master["bg"] = "yellow"
        self.pack()

        # 身長と体重を管理するウィジット変数
        self.height_var = tk.DoubleVar()       ③
        self.height_var.set(170.0)
```

```python
        self.weight_var = tk.DoubleVar()
        self.weight_var.set(50.0)                    ④
        # ウィジットを生成する
        self.create_widget()   ⑤


    def calc(self):   ⑥
        # 計算を実行し結果を表示する
        # 身長の値チェック
        try:
            height = self.height_var.get()
        except:
            tk.messagebox.showerror("エラー", "身長は数値を入力してください")    ⑦
            return


        # 体重の値チェック
        try:
            weight = self.weight_var.get()
        except:
            tk.messagebox.showerror("エラー", "体重は数値を入力してください")    ⑧
            return


        # 適正体重を計算する
        std_weight = pow(height / 100, 2) * StdWeight.r_bmi
        self.r_label1["text"] = f"適正体重: {std_weight:.2f}kg"    ⑨


        # 痩せ型、肥満を判定する
        bmi = weight / pow(height / 100, 2)
        if bmi < 18.5:
            s = "痩せ型"
        elif bmi < 25:
            s = "普通体重"
        elif bmi < 30:
            s = "肥満（1度）"
        elif bmi < 35:                                              ⑩
            s = "肥満（2度）"
        elif bmi < 40:
            s = "肥満（3度）"
        else:
            s = "肥満（4度）"
        self.r_label2["text"] = f"BMI：{bmi:.2f} ー {s}"

    def clear(self):
        # 入力をクリアする
        self.height_var.set(0)
        self.weight_var.set(0)
        self.r_label1["text"] = ""
        self.r_label2["text"] = ""
```

128 Lesson 3-03 適正体重アプリを作成する

```python
    def create_widget(self):
        # ウィジットを生成する
        # 身長入力用 Entry
        self.height_frame = tk.Frame(self, pady=2, padx=5, background="yellow")
        self.height_frame.pack()
        self.h_label1 = tk.Label(self.height_frame, text=" 身長 ")
        self.h_label1.pack(side=tk.LEFT)
        self.height_entry = tk.Entry(
            self.height_frame, width=10, textvariable=self.height_var)
        self.height_entry.pack(side=tk.LEFT)
        self.h_label2 = tk.Label(self.height_frame, text="cm")
        self.h_label2.pack(side=tk.LEFT)

        # 体重入力用 Entry
        self.weight_frame = tk.Frame(self, pady=2, padx=5, background="yellow")
        self.weight_frame.pack()
        self.w_label1 = tk.Label(self.weight_frame, text=" 体重 ")
        self.w_label1.pack(side=tk.LEFT)
        self.weight_entry = tk.Entry(
            self.weight_frame, width=10, textvariable=self.weight_var)
        self.weight_entry.pack(side=tk.LEFT)
        self.w_label2 = tk.Label(self.weight_frame, text="kg")
        self.w_label2.pack(side=tk.LEFT)

        #「計算」ボタンと「クリア」ボタン
        self.keisan_frame = tk.Frame(self, pady=2, padx=5, background="yellow")
        self.keisan_frame.pack()
        self.calc_btn = tk.Button(
            self.keisan_frame, text=" 計算 ", command=self.calc)
        self.calc_btn.pack(side=tk.LEFT)
        self.clr_btn = tk.Button(
            self.keisan_frame, text=" クリア ", command=self.clear)
        self.clr_btn.pack(side=tk.LEFT)

        # 結果を表示するフレーム
        self.result_frame = tk.Frame(self, pady=2, padx=5)
        self.result_frame.pack()
        self.r_label1 = tk.Label(text="", background="yellow", font=("", 20))
        self.r_label1.pack()
        self.r_label2 = tk.Label(text="", background="yellow", font=("", 20))
        self.r_label2.pack()


if __name__ == "__main__":
    root = tk.Tk()
    root.title(" 適正体重 ")
    root.geometry("400x300")
    app = StdWeight(master=root)
    root.mainloop()
```

①で標準のBMIの値である22を変数r_bmiに代入しています。

②で初期化メソッド「__init__」を定義しています。③と④で身長と体重を入力するEntryのウィジット変数をDoubleVarクラスの変数として宣言し、setメソッドでデフォルトの値を設定しています。なお、ウィジットの生成はcreate_widgetメソッドにまとめています。⑤でそれを呼び出しています。

! POINT

このようにクラスの内部、かつメソッドの外部で宣言した変数は、「クラス変数」と呼ばれます。インスタンスごとに固有のインスタンス変数に対して、クラスに共通の変数で「インスタンス名.変数名」のほか「クラス名.変数名」でもアクセスできます。

計算の実行と結果の表示

計算の実行は「計算」ボタンから呼び出される、⑥のcalcメソッドで行います。まず、⑦と⑧でtry ～ except文を使って身長、体重が数値であるかを調べています。Entryウィジットと関連付けたウィジット変数はDoubleVarオブジェクトとしているため、入力した値が数値でない場合、getメソッドで例外が発生するので、メッセージボックスにエラーを表示しreturn文で抜けています。

```
try:
    height = self.height_var.get()
except:
    tk.messagebox.showerror("エラー", "身長は数値を入力してください")
    return
```

⑨で計算を実行して適正体重を表示しています。

```
std_weight = pow(height / 100, 2) * StdWeight.r_bmi
self.r_label1["text"] = f"適正体重: {std_weight:.2f}kg"
```

⑩ではBMIの値を計算し、if文で痩せ型、肥満を判定してラベルに表示しています。

プログラムを実行し、身長と体重を入力して「計算」ボタンをクリックし、結果が正しく表示されるかを確認してみましょう。

memo

「:.2f」とすることで、フォーマット文字列で小数点第2位まで表示させています。

図15 実行結果(stdweight1.py)

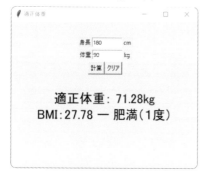

Lesson 3
04

todoアプリを作成する

THEME テーマ　この節では、デスクトップアプリの作成例として、シンプルなtodoアプリを紹介しましょう。新たにウィジットとしてチェックボックスを使用します。またオブジェクトをファイルに保存する方法についても説明します。

作成するtodoアプリについて

　まず、作成するtodoアプリの動作を説明しておきましょう 図1。上部のEntryウィジットに文字列を入力し、「追加」ボタンをクリックすると、todo項目が追加されていきます。

　終了したtodo項目は左のチェックボックスをオンにします。すると右側に「削除」ボタンが表示されます。「削除」ボタンをクリックすると項目が削除されます。

図1 作成するtodoアプリ

文字を入力して「追加」ボタンをクリックして項目を追加していく

左のチェックボックスをオンにすると「削除」ボタンが表示される

　todo項目はプログラムと同じディレクトリのファイル「todo.data」に保存され、次回の起動時に自動で読み込まれるようにします。

チェックボックス(Checkbutton)

tkinter ではチェックボックスは Checkbutton ウィジットとして生成します。Entry ウィジットと同様にウィジット変数で、オン/オフの状態を取得、設定します。

ウィジット変数には True、False の2値を表す BooleanVar クラスを使用します。値は Checkbutton コンストラクタの variable オプションで関連付けます。

図2 に、チェックボックスの状態をラベルに表示する例を示します。

図2 実行結果 (checkbox1.py)

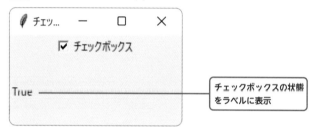

図3 にコードを示します。

図3 checkbox1.py (一部)

```python
def get_chk():          ①
    # get メソッドを使用してチェックボックスの状態取得
    label["text"] = str(bool_var.get())     ②

# booleanVar オブジェクトを生成
bool_var = tk.BooleanVar()     ③
# 初期状態でオフ
bool_var.set(False)

# チェックボックスを生成する                              ④
chkbox = tk.Checkbutton(root, variable=bool_var, text=" チェックボックス ", command=get_chk)
chkbox.pack()

# ラベル
label = tk.Label(root, text="False")
label.pack(side=tk.LEFT)
```

③で BooleanVar クラスのウィジット変数を生成し、変数 bool_var に代入しています。④で Checkbutton コンストラクタの variable オプションを変数 bool_var に関連付けてチェックボック

スを生成しています。commandオプションでクリックされたら
get_chk関数を呼び出すようにしています。

　①のget_chk関数の定義では、②でbool_varのgetメソッドで
チェックボックスの状態を取得し、str関数で文字列に変換しラ
ベルに表示しています。

```
label["text"] = str(bool_var.get())
```

オブジェクトの保存と読み込み

　todoアプリでは、それぞれのtodo項目とチェックボックスおよ
び「削除」ボタンの状態をまとめてItemクラスのインスタンスと
し、さらにそれらをまとめてリストtodo_itemsとして管理してい
ます。このリストの内容を「todo.data」に保存し、アプリの起動時
に読み込んでいます。

　リストのようなオブジェクトをファイルに保存するには、「直列
化 (serialization)」という処理を行う必要があります。また逆に、
ファイルに保存されたオブジェクトを復元することを「非直列化
(deserialization)」といいます。

　Pythonの標準ライブラリにはオブジェクトの直列化／非直列化
を行うモジュールとして、pickleモジュールが用意されています。
pickleモジュールのメソッドを使用すると、オブジェクトをその
ままファイルに保存できます。

> **memo**
> pickleはピクルス(酢漬け)の意味です。

オブジェクトをファイルに書き出す

　オブジェクトをファイルに保存するにはpickleモジュールの
dump関数を使用します。

図4 pickleモジュールのdump関数

```
pickle.dump ( 書き出すオブジェクト , ファイルオブジェクト )
```

　図5 に、オブジェクト書き出しの例として、1週間の曜日を格納
したリストweekdaysをファイル「days.pickle」に書き出してみま
しょう。

図5 save_obj1.py

```
import os.path
import pickle  ①

weekdays =["月", "火", "水", "木", "金", "土", "日"]  ②
filename = "days.pickle"
file_path = os.path.join(os.path.dirname(__file__) , filename)  ③
out_file = open(file_path, "wb")  ④
pickle.dump(weekdays, out_file)  ⑤
```

①でpickleモジュールをインポートしています。②でリスト
weekdaysを生成し、曜日を要素としています。

③でファイル「days.pickle」のパスを変数file_pathに代入してい
ます。④のopen関数でファイルをオープンし、ファイルオブジェ
クト「out_file」に代入しています。第2引数の"wb"は、バイナリモー
ド(b)で書き出す(w)ことを示します。

⑤のdump関数でリストweekdaysをout_fileに書き出します。

オブジェクトを読み込む

前述のdump関数で書き込んだオブジェクトをファイルから読
み込んで変数に代入するには、load関数を使用します。

図6 pickleモジュールのload関数

変数 = pickle.load(ファイルオブジェクト)

図7 に、前述の「save_obj1.py」で書き出したファイル「days.
pickle」からデータを読み込む例を示します

図7 load_obj1.py

```
import os.path
import pickle

weekdays =[]
filename = "days.pickle"
file_path = os.path.join(os.path.dirname(__file__) , filename)
in_file = open(file_path, "rb")  ①

days = pickle.load(in_file)  ②
print(days)  ③
```

①でopen関数を使用してファイルをオープンしています。第2引数の"rb"は、バイナリモード（b）で読み込む（r）ことを表しています。

②でin_fileからデータを変数daysに読み込み、③で表示しています。

図8 実行結果（load_obj1.py）

```
['月', '火', '水', '木', '金', '土', '日']
```

todoアプリを作成する

それではtodoアプリの作成に移りましょう。todoアプリでは、それぞれのtodo項目を管理するItemクラスと、全体のリストを管理するTodoクラスの2つのクラスを使用しています。どちらもFrameのサブクラスです。図9に全体の概要を示します。

図9 todoアプリの概要

```
class Item(tk.Frame):
    # 個々の todo 項目を管理
    def __init__(self, main, todo_text, checked):
        # チェックボックスやラベル、「削除」ボタンなどのウィジットを設定
    def del_item(self):
        # todo 項目を削除
    def show_delbtn(self):
        # チェックボックスがオンの場合に「削除」ボタンを表示

class Todo(tk.Frame):
    # すべての todo 項目を管理
    def __init__(self, master=None):
        # 入力用 Entry や「追加」ボタン、todo 項目用フレームの準備
    def add_item(self):
        # todo 項目の追加
    def save_items(self):
        # todo リスト全体をファイルに保存
    def load_items(self):
        # todo リスト全体をファイルから読み込む
```

Itemクラス

図10 に、Item クラスのコードを示します。

図10 todo1.py (Itemクラス部分)

```python
class Item(tk.Frame):
    # 個々の todo 項目
    def __init__(self, main, todo_text, checked):    ①
        super().__init__(main,  bg="lightblue", padx=10, pady=5)
        self.pack(fill=tk.X)
        self.main = main

        # todo テキストを設定
        self.item_text = todo_text

        # チェックボックス用のウィジット変数を設定
        self.chk_v = tk.BooleanVar()
        self.chk_v.set(checked)

        # チェックボックス
        self.chk = tk.Checkbutton(self,
                                  variable=self.chk_v,
                                  command=self.show_delbtn,
                                  bg="cyan"
                                  )
        self.chk.pack(side=tk.LEFT)

        # todo テキスト
        self.txt = tk.Label(self, text=self.item_text, width=35)
        self.txt.pack(side=tk.LEFT)

        # 「削除」ボタン
        self.del_button = tk.Button(self,
                                    text=" 削除 ",
                                    command=self.del_item)
        # チェックボックスがチェックされていれば「削除」ボタンを表示
        if self.chk_v.get():    ②
            self.del_button.pack(side=tk.RIGHT)

    # アイテムを削除
    def del_item(self):    ③
        self.destroy()   # フレームを削除
        self.main.todo_items.remove(self)
        self.main.save_items()   # Todo リストを保存

    # チェックボックスがオンの場合に「削除」ボタンを表示
    def show_delbtn(self):    ④
        if not self.chk_v.get():
```

```
            self.checked = False
            self.del_button.pack_forget()    ⑤
        else:
            self.checked = True
            self.del_button.pack(side=tk.RIGHT)    ⑥
    self.main.save_items()    # Todo リストを保存
```

　Item クラスは個々の todo 項目用フレームです。ウィジットとしては、チェックボックス (chk)、ラベル (txt)、および「削除」ボタン (del_button) を横に並べています 図11 。

図11 Item クラス

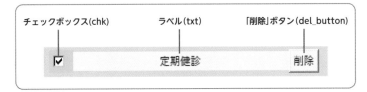

　①の初期化メソッドの引数には main (親フレーム)、todo_text (todo 項目)、checked (チェックボックスがチェックされているか) を渡しています。

```
def __init__(self, main, todo_text, checked):
```

　「削除」ボタンに関しては、②でチェックボックスがチェックされているかを調べ、チェックされていれば pack メソッドで表示しています。

```
        if self.chk_v.get():
            self.del_button.pack(side=tk.RIGHT)
```

　また、「削除」ボタンがクリックされたら③の del_item メソッドを呼び出しています。

```
    def del_item(self):
        self.destroy()    # フレームを削除    ⓐ
        self.main.todo_items.remove(self)    ⓑ
        self.main.save_items()    # Todo リストを保存    ⓒ
```

　ⓐの destroy メソッドはウィジットを削除するメソッドです。todo 項目が表示されているフレームを削除しています。todo リスト全体は Todo オブジェクトのリスト todo_items で管理しているため、ⓑで remove メソッドで自分自身を削除しています。

リストtodo_itemsが変更されたため、ⓒでTodoクラスのsave_itemsメソッドを呼び出して保存しています。

④のshow_delbtnメソッドでチェックボックスの状態に応じて「削除」ボタンの表示/非表示を切り替えています。

なお、packジオメトリマネージャの場合、⑤のpack_forgetメソッドでウィジットを非表示にできます。⑥のように再びpackメソッドを実行すると、再表示されます。

Todoクラス

図12に、todoリスト全体を管理するTodoクラスを示します。

図12 todo1.py（Todoクラス部分）

```python
class Todo(tk.Frame):
    # データ保存先のパス
    data_file_path = os.path.join(os.path.dirname(__file__), "todo.data")

    def __init__(self, master=None):
        super().__init__(master,  bg="yellow", padx=10, pady=20)
        master["bg"] = "yellow"
        self.pack()

        # 空のtodoリストを生成
        self.todo_items = []    ①

        # 入力フォーム用のフレーム
        self.enter_frame = tk.Frame(self, padx=2, pady=20, bg="yellow")
        self.enter_frame.pack()

        # 入力テキスト用のウィジット変数
        self.entry_var = tk.StringVar()

        # todo入力用のEntry
        self.entry = tk.Entry(self.enter_frame,
                              textvariable=self.entry_var,
                              width="30"
                              )                                   ②
        self.entry.pack(side='left')

        # 「追加」ボタン
        self.add_button = tk.Button(self.enter_frame,
                                    text=" 追加 ",
                                    command=self.add_item
                                    )
        self.add_button.pack(side='left')
```

```
        # todoリストをファイルから読み込む
        self.load_items()

    # todo項目を追加
    def add_item(self):    ③
        item_text = self.entry_var.get()
        self.todo_items.append(Item(self, item_text, False))
        self.save_items()
        self.entry_var.set("")

    # todoリストをファイルに保存
    def save_items(self):    ④
        todos = []
        for item in self.todo_items:
            todos.append([item.item_text, item.chk_v.get()])
        out_file = open(Todo.data_file_path, "wb")
        pickle.dump(todos, out_file)

    # todoリストをファイルから読み込む
    def load_items(self):    ⑤
        if os.path.exists(Todo.data_file_path):
            in_file = open(Todo.data_file_path, "rb")
            todos = pickle.load(in_file)
            for todo in todos:
                self.todo_items.append(Item(self, todo[0], todo[1]))
```

　初期化メソッド「__init__」では、①でtodoリストを管理する空
のリストtodo_itemsを生成しています。
　②が新たなtodo項目を入力するためのEntryウィジットです。
ウィジット変数としてentry_varをアサインしています。

○add_item関数
　③がtodo項目を追加するadd_item関数です。

```
    def add_item(self):
        item_text = self.entry_var.get()
        self.todo_items.append(Item(self, item_text, False))    ⓐ
        self.save_items()    ⓑ
        self.entry_var.set("")
```

　ⓐで、ItemコンストラクタでItemオブジェクトを生成しリスト
todo_itemsに加えています。
　ⓑで後述するsave_itemsメソッドを呼び出してファイルに保存
しています。

139

● save_items関数

④がtodoリスト全体をファイルに保存するsave_items関数です。

```python
def save_items(self):
    todos = []  (a)
    for item in self.todo_items:  (b)
        todos.append([item.item_text, item.chk_v.get()])
    out_file = open(Todo.data_file_path, "wb")
    pickle.dump(todos, out_file)  (c)
```

(a)で空のリストtodosを生成し、(b)のfor文ですべてのtodo項目が入れられたリストtodo_itemsから要素を取り出して新たなリストを生成し、リストtodosに加えています。

(c)のdump関数でファイルに書き出します。

✏ POINT

残念ながらtkinterのウィジットは、そのままdump関数で書き出せません。そのため、ここではtodo項目とチェックボックスの状態をリストにし、それをリストtodoの要素としてdump関数で保存しています。

● load_items関数

⑤が保存したtodoリストをファイルから読み込むload_items関数です。

```python
def load_items(self):
    if os.path.exists(Todo.data_file_path):
        in_file = open(Todo.data_file_path, "rb")
        todos = pickle.load(in_file)  (a)
        for todo in todos:  (b)
            self.todo_items.append(Item(self, todo[0], todo[1]))
```

(a)でload関数により保存されたデータを読み込みリストtodosに格納しています。(b)のfor文で読み込んだデータからItemオブジェクトを生成し、リストtodo_itemsに加えています。

この状態（ダウンロードデータの「todo1.py」）で実行して、データが正しく追加されることを確認してみましょう 図13。

図13 文字を入力して「追加」ボタンをクリックすると項目が追加される

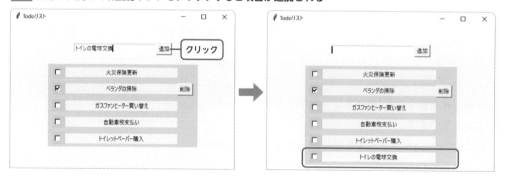

Entryウィジットの入力データの検証

Entryウィジットでは、入力した値が適切なものかどうかを検証する機能があります。例えば、数字以外の入力は許可しない、3文字以上入力しないと「OK」ボタンが押せないようにするといった処理を行うことができます。そのための基本的な手順を示します。

1 検証用の関数を定義します。

検証用の関数では引数でユーザの入力を受け取り、入力を受け取る場合にはTrueを、拒否する場合にはFalseを戻すようにします。

```
def validate_entry(chr):
    if ～:
        return True    ←入力を受け取る
    else:
        return False   ←入力を破棄する
```

2 検証用の関数をregister関数によりtkinterに登録します。

例えば、メインウィンドウがrootの場合、次のようにします。

```
変数 = root.register( 検証用の関数 )
```

3 Entryのコンストラクタではvalidatecommandオプションで、検証用の関数と、検証用の関数に何を渡すかを次のようなタプルで指定します。

```
validatecommand=( 関数を登録した変数 , " パラメータ ")
```

パラメータには検証用の関数に何を渡すかを指定します図14。

> **memo**
> パラメータは複数指定可能です。

図14 パラメータの例

パラメータ	説明
%P	Entry に入力されている文字列全体
%S	挿入もしくは削除される文字

なお、検証を行うタイミングは、Entryコンストラクタのvalidateオプションで指定します。例えば、キー入力のたびに検証を行いたい場合にはkeyを指定します。

図15にEntryコンストラクタの例を示します。validatecommand
オプションに設定しているタプルでは、検証用の関数をval_cmd
にし、パラメータを "%S"（挿入または削除文字列が対象）にして、
キー入力時に検証を行うようにしています。

図15 キー入力時に検証を行う

```
entry = tk.Entry(root, width=20, textvariable=strVar,
                 validatecommand=(val_cmd, "%S"),
                 validate="key")
```

【例1】数字以外の入力は許可しない

図16に、Entryウィジットに数字以外の文字を入力できないよ
うにする例を示します。

図16 数字以外は入力できない

図17にコードを示します。

図17 entry2.py（一部）

```
# 検証用の関数
def validate_entry(chr):        ①
    if chr.isdigit():           ②
        return True
    else:
        return False

# StringVar オブジェクトを生成
strVar = tk.StringVar()

# 検証用の関数を登録
val_cmd = root.register(validate_entry)   ③
# Entry
entry = tk.Entry(root, width=20, textvariable=strVar,
                 validatecommand=(val_cmd, "%S"),       ④
                 validate="key")
entry.pack()
```

①で検証用の関数validate_entryを定義しています。引数にユーザが入力した文字を受け取ります。②のif文で、入力した文字が数字であればTrueを戻して入力を受け取り、数字でなければFalseで破棄しています。

③で①で定義した関数を登録し変数val_cmdに代入しています。

④でEntryウィジットを生成しています。validatecommandオプションではタプルの2番目の値にパラメータに"%S"を指定し、ユーザ入力した1文字を検証用の関数に渡すようにしています。また、validateオプションには"key"を代入し、キー入力のたびに検証用関数を呼び出すようにしています。

POINT

②のif文で使用されているisdigitメソッドは、引数が数字かどうかを判断するstrクラスのメソッドです。

【例2】4文字以上入力したらボタンを有効にする

Entryウィジットの入力検証の例として、4文字以上入力したら「追加」ボタン（　）を有効にする例を示します。

図18 4文字以上入力すると「追加」ボタンが有効になる

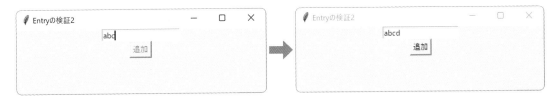

図19 にコードを示します。

図19 entry3.py（一部）

```python
# 検証用の関数
def validate_entry(strings):    ①
    if len(strings) < 4:
        add_button["state"] = "disabled"
    else:
        add_button["state"] = "normal"
    return True

# StringVar オブジェクトを生成
strVar = tk.StringVar()

# 検証用の関数を登録
val_cmd = root.register(validate_entry)
# Entry
entry = tk.Entry(root, width=20, textvariable=strVar,    ②
                validatecommand=(val_cmd, "%P"),
                validate="key")
entry.pack()
```

```
add_button = tk.Button(root, text=" 追加 ", command=lambda:print(strVar.get()))  ③
add_button.pack()
add_button["state"] = "disabled"
```

①が検証用の関数です。if文を使用して、入力した文字列が4文字未満の場合には、add_buttonのstateオプションを"disabled"に、4文字以上の場合には"normal"にしています。「entry2.py」と異なり、入力はすべて受け入れるため、return文では常にTrueを返すようにしています。

②のEntryコンストラクタのvalidatecommandオプションでは、パラメータに"%P"を指定して、入力されている文字列を検証用の関数に渡しています。

このサンプルでは、「追加」ボタンをクリックするとEntryの内容をprint関数で表示するようにしています。③のボタンのコンストラクタのcommandオプションに注目してください。

> **POINT**
> Buttonウィジェットではstateオプションで有効（normal）、無効（disabled）の切り替えが行えます。

```
add_button = tk.Button(root, text=" 追加 ", command=lambda:print(strVar.get()))
```

ボタンが押されたときに呼び出す関数（この例ではprint関数）に引数を渡す場合にはこのようにラムダ式で指定する必要があります。

> **POINT**
> これを次のようにprint関数を直接渡すことはできません。
> ```
> add_button = tk.Button
> (root, text="追加", command
> =print(strVar.get()))
> ```

入力が2文字未満の場合は「追加」ボタンを無効にする

続いて、「todo1.py」を変更し、Entryウィジットに入力した文字列が2文字以上の場合に「追加」ボタンを有効にするようにしてみましょう 図20 。

図20 2文字以上入力すると「追加」ボタンが有効になる

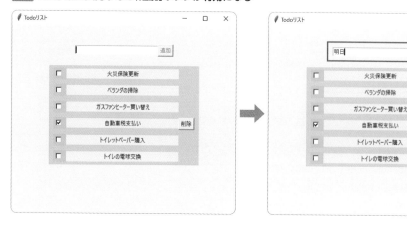

変更したのはTodoクラス部分です。**図21**に変更部分を示します。

図21 todo2.py（一部）

```python
class Todo(tk.Frame):
    ～略～
        # todo 入力用の Entry
        val_cmd = master.register(self.validate_item)   ①
        self.entry = tk.Entry(self.enter_frame,
                              textvariable=self.entry_var,
                              width="30",
                              validate="key",              ┐
                              validatecommand=(val_cmd, "%P")  ┘ ②
                              )
        self.entry.pack(side='left')

        # 「追加」ボタン
        self.add_button = tk.Button(self.enter_frame,
                                    text=" 追加 ",
                                    command=self.add_item,
                                    state="disabled"     ③
                                    )
        self.add_button.pack(side='left')
        # todo リストをファイルから読み込む
        self.load_items()

    # 入力テキストの検証 (1 文字以下の場合「追加」ボタンを無効 )
    def validate_item(self, val):    ④
        if len(val) < 2:
            self.add_button["state"] = "disabled"
        else:
            self.add_button["state"] = "normal"
        return True
```

! POINT

val_cmdにEntryウィジットの入力を渡すようにしています。

①で検証用の関数 validate_item を登録し、変数 val_cmd に代入しています。②で Entry コンストラクタの validate オプションを "key" に、validatecommand オプションを「(val_cmd, "%P")」にしています。

③の Button コンストラクタでは state オプションを "disabled" に設定し、初期状態で無効にしています。

④が検証用の関数 validate_item の定義です。Entry ウィジットに入力したテキストが 2 文字未満の場合には、「追加」ボタンの state オプションに "disabled" を代入して無効にし、そうでなければ "normal" を代入して有効にしています。

Lesson 3
05
180 min

お絵描きアプリを作成する

THEME テーマ tkinterには自由な描画領域としてCanvasが用意されています。このレッスンの最後として、Canvasを活用したお絵描きアプリを作成してみましょう。

作成するお絵描きアプリについて

この節では次のようなお絵描きアプリを作成します 図1 。画面上部にはツールバーとしてフレーム「toolbar」を配置しています。色の選択にはRadiobuttonウィジットを、線幅の選択にはOptionMenuウィジットを使用します。描画領域にはCanvasクラスを使用します。

図1 作成するお絵描きアプリ

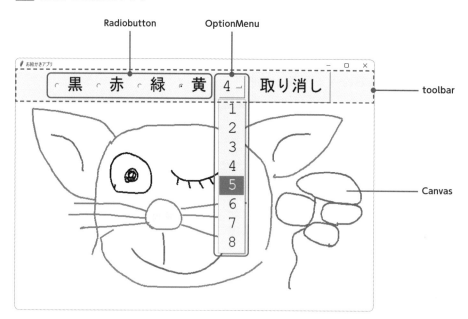

Canvasウィジット

　Canvas ウィジットを使用すると、直線、長方形や楕円などの図形、およびテキストを自由な位置に描くことができます。

　図2 に、Canvas クラスに用意されている基本的な描画メソッドをまとめておきます。

図2 図形を描くメソッド

メソッド	説明
create_line	線を描く
create_rectangle	長方形を描く
create_text	テキストを描く
create_oval	楕円を描く

　図3 にCanvas を生成し直線、楕円、長方形、テキストを描く例を示します。

図3 canvas1.py（一部）

```
canvas = tk.Canvas(root, width=500, height=300)    ①
canvas.pack()

canvas.create_line(10, 10, 400, 40, width=10, fill="lightblue")    ②
canvas.create_rectangle(400, 50, 450, 200, fill="green",
    outline="purple", width=15)    ③
canvas.create_oval(10, 50, 400, 200, fill="yellow",
    outline="blue", width=10)    ④
canvas.create_text(250, 250, text=" キャンバスのテスト ", font=("", 30))    ⑤
```

　①がCanvas コンストラクタによりCanvas を生成している部分です。widthで幅を、heightで高さをピクセル数で指定します。

　②で直線を描いています。最初の2つの引数では、起点の座標（x1，y1）を、続いて終点の座標（x2，y2）を指定します。width では線幅を、fillでは塗りの色を指定しています。

　③で長方形を描いています。引数では左上隅（x1，y1）と右下隅の座標（x2，y2）を指定します。outlineは枠線の色を指定するオプションです。

　④で楕円を描いています。位置は楕円を囲む長方形の左上隅（x1，y1）と右下隅の座標（x2，y2）で指定します。

POINT

座標の原点(0, 0)は左上隅になります。

⑤ではテキストを描いています。位置は中心の座標で指定します。textオプションで表示するテキストを、fontでフォントをタプルで指定します。

図3 実行結果(canvas1.py)

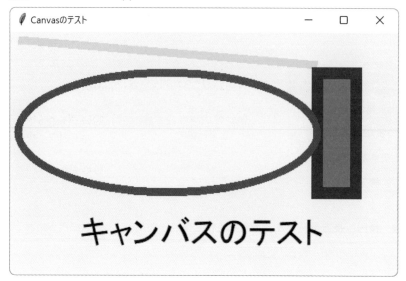

図形を削除する

create_lineメソッドやcreate_rectangleメソッドで図形を描くと、戻り値としてその図形固有のID番号が戻されます。Canvasクラスのdeleteメソッドの引数にそのID番号を渡して呼び出すと図形を削除できます。**図4**に例を示します。

図4 図形削除の例

```
line1 = canvas.create_line(10, 10, 400, 40, width=10, fill="lightblue")
    ⋮
canvas.delete(line1)  ←IDがline1の図形を削除する
```

クリックしたイベントを捕まえる

tkinterで、ボタン以外のウィジットでイベント処理を行いたい場合や、ボタンのクリック以外のイベントを使用したい場合などは、ウィジットのbindメソッドを使用して、イベントとあらかじめ定義したコールバック関数を結び付けます**図5**。

図5　bindメソッド

> ウィジット .bind(イベント , コールバック関数)

　第1引数のイベントは "<Button-1>" といった文字列で指定します。図6 に、マウスのイベントの例を示します。

図6　マウスイベントの例

イベント	発生するタイミング
<Button-1>、<ButtonPress-1>、<1>	左ボタンが押されたとき
<Button-2>、<ButtonPress-2>、<2>	中ボタンが押されたとき
<Button-3>、<ButtonPress-3>、<3>	右ボタンが押されたとき
<ButtonRelease-1>	左ボタンを押してそのボタンを放したとき
<ButtonRelease-2>	中ボタンを押してそのボタンを放したとき
<ButtonRelease-3>	右ボタンを押してそのボタンを放したとき
<Double-Button-1>	左ボタンをダブルクリックしたとき
<Double-Button-2>	中ボタンをダブルクリックしたとき
<Double-Button-3>	右ボタンをダブルクリックしたとき

　bind メソッドの第2引数で指定したコールバック関数には、イベントに関する情報が格納された event オブジェクトが渡されます。これを使用しイベントの位置などを調べることができます。
　event オブジェクトでは 図7 のような変数が利用できます。

図7　eventオブジェクトの変数

プロパティ	説明
x	イベントが発生した X 座標
y	イベントが発生した y 座標
widget	イベントが発生したウィジット

　例えば、x、y によってマウスがクリックされた座標を取得できます。また、widget を使用すると、どのウィジットでイベントが発生したかがわかります。
　これを利用して、ユーザが Canvas の内部をクリックすると、その位置にランダムな大きさの正方形を描く例を示します 図8。

図8 canvas2.py（一部）

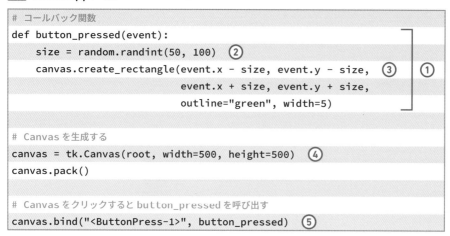

```
#  コールバック関数
def button_pressed(event):
    size = random.randint(50, 100)   ②
    canvas.create_rectangle(event.x - size, event.y - size,   ③    ①
                            event.x + size, event.y + size,
                            outline="green", width=5)

#  Canvas を生成する
canvas = tk.Canvas(root, width=500, height=500)   ④
canvas.pack()

#  Canvas をクリックすると button_pressed を呼び出す
canvas.bind("<ButtonPress-1>", button_pressed)   ⑤
```

④でCanvasを生成し、変数canvasに代入しています。⑤で
bindを使用してマウスボタンがクリックされたらbutton_pressed
関数を呼び出すようにしています。

①がbutton_pressed関数の定義です。③で正方形を描いていま
す。イベントの座標（event.x, event.y）からサイズ（size）を
引いてクリックした位置が中心となるようにしています。

> **POINT**
>
> ②のrandint関数は、引数1から引数2ま
> での整数の乱数を発生させるメソッド
> です。

図9 実行結果（canvas2.py）

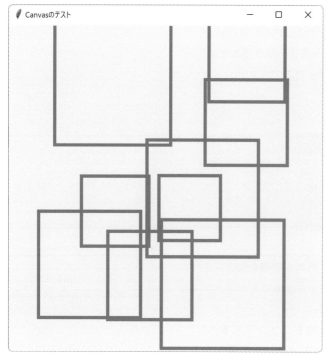

Radiobuttonウィジット

　お絵描きアプリで色の選択に使用しているラジオボタン（Radiobuttonウィジット）は、複数の項目の中から1つだけ選択するウィジットです。グループ内のラジオボタンのどれがチェックされているかを調べたり、いずれかをチェックしたりするためには、Entryウィジットと同様、ウィジット内の値と変数を関連付けるウィジット変数としてIntVarオブジェクトを使用します。

　コンストラクタのvariableオプションでIntVarオブジェクトを指定し、valueオプションで値を指定します。commandオプションでクリックされたときに実行するメソッドを指定できます。

　図10に、「春」「夏」「秋」「冬」を項目とするラジオボタンを作成し、選択されたボタンの番号をラベルに表示する例を示します。

図10　実行結果

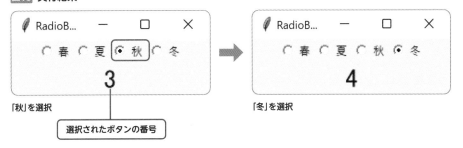

「秋」を選択　　　　　　　　　　　　　　　　「冬」を選択

選択されたボタンの番号

　図11にコードを示します。

図11　radio1.py（一部）

```python
def change():   ①
    #  ラベルに value の値を表示
    label["text"] = rg.get()   ②

r_frame = tk.Frame(root)
r_frame.pack()

#  IntVar オブジェクトを用意する
rg = tk.IntVar()   ③
#  IntVar オブジェクトに初期として 3 を設定
rg.set(3)   ④
```

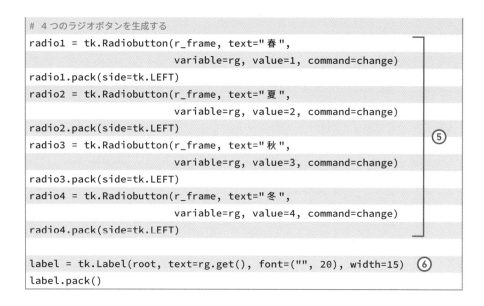

```
# 4つのラジオボタンを生成する
radio1 = tk.Radiobutton(r_frame, text="春",
                        variable=rg, value=1, command=change)
radio1.pack(side=tk.LEFT)
radio2 = tk.Radiobutton(r_frame, text="夏",
                        variable=rg, value=2, command=change)
radio2.pack(side=tk.LEFT)                                        ⑤
radio3 = tk.Radiobutton(r_frame, text="秋",
                        variable=rg, value=3, command=change)
radio3.pack(side=tk.LEFT)
radio4 = tk.Radiobutton(r_frame, text="冬",
                        variable=rg, value=4, command=change)
radio4.pack(side=tk.LEFT)

label = tk.Label(root, text=rg.get(), font=("", 20), width=15)  ⑥
label.pack()
```

③でウィジット変数rgを用意し、④で「3」に初期化しています。

⑤がラジオボタンを生成し、配置している部分です。command
オプションで項目が選択されたら、change関数を呼び出すように
しています。

①のchange関数の定義では、⑥で生成したラベルに、選択さ
れたボタンの番号を②で表示しています。

OptionMenuウィジット

お絵描きアプリで線幅の選択に使用しているOptionMenu ウィ
ジットは、メニュー形式で項目を選択可能なウィジットです。
Radiobutton ウィジットと同様に、ウィジット変数IntVar と関連付
けることで値を取り出せます。また、メニューに表示する値はタ
プルで指定すると便利です。その場合メソッドの呼び出し時に先
頭に「*」を記述します。

図12 に例を示します。

図12 option1.py（一部）

```python
def change(value):    ①
    # ラベルに value の値を表示
    label["text"] = value

nums = tk.IntVar()    ②
items = (1, 2, 3, 4, 5, 6, 7, 8)    ③
option_menu = tk.OptionMenu(root, nums, *items, command=change)    ④
option_menu.pack()
nums.set(2)    ⑤

label = tk.Label(root, text=nums.get(), font=("", 20), width=15)
label.pack()
```

②でIntVarオブジェクトを生成し、インスタンス変数numsに代入しています。③でメニューに表示する値をタプルにして、変数itemsに代入しています。

④でOptionMenuコンストラクタでOptionMenuを生成しています。2番目の引数で変数numsを指定しています。3番目の引数で値を格納する変数itemsを先頭に「*」を付けて指定します。また、値が変更されると①の関数changeを呼び出し、ラベルに値を表示するようにしています。

⑤でsetメソッドを使用して、変数numsの値を「2」にしています。これでOptionMenuも「2」が選択状態になります。

図13 実行結果（option1.py）

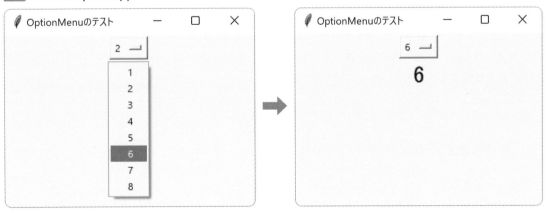

線幅をメニューから選択

153

お絵描きアプリの動作

　以上の説明をもとに、お絵描きアプリの説明に移ります。線の描画は、基本的にマウスをドラッグすると発生する <B1-Motion> イベントの座標を直線で結んでいくことによって行います。線を引く基本動作は次のようにしています。

❶ マウスボタンが押される

　マウスがクリックされた位置の座標を(px，py)として記憶する。

❷ マウスをドラッグ

　ドラッグされたその位置を(x，y)として記憶する。

❸ 線を引く

　create_line メソッドで(px，py)から(x，y)へ直線を引く。その後(x，y)を新たな(px，py)にする。

❹ マウスボタンが放された

　リスト all_lines に線を追加する。

　なお、取り消し機能を使用できるようにするために、create_line メソッドで描いた最後の線の ID 番号をリスト last_line に加えています。さらに、マウスボタンが放された時点で last_line をすべての線を管理するリスト all_lines に加えています。

お絵描きアプリのコード

　図14 にお絵描きアプリのコードを示します。

図14 oekaki1.py

```python
import tkinter as tk

class Oekaki(tk.Frame):
    def __init__(self, self, master=None):        ①
        super().__init__(master)
        self.pack()

        # キャンバスサイズ
        self.canvas_width = 900
        self.canvas_height = 500

        # 線の色
        self.color = "black"        ②
        # 線幅
        self.line_width = 3        ③

        # マウスの位置
        self.px = 0
        self.py = 0
        # 最後に書いた線
        self.last_line = []        ④
        # すべての線
        self.all_lines = []        ⑤
        # ツールバー
        self.create_toolbar()        ⑥

        # キャンバス
        self.canvas = tk.Canvas(
            self, width=self.canvas_width, height=self.canvas_height, bg="white")        ⑦
        self.canvas.pack()
        self.canvas.bind("<ButtonPress-1>", self.button_pressed)
        self.canvas.bind("<B1-Motion>", self.mouse_moved)        ⑧
        self.canvas.bind("<ButtonRelease-1>", self.button_up)

    # ツールバーにウィジットを配置する
    def create_toolbar(self):        ⑨
        # ツールバーを表示するフレーム
        self.toolbar = tk.Frame(self)
        self.toolbar.pack()
        # 色を選択する Radiobutton
        self.color_sel = tk.StringVar()
        self.color_sel.set(self.color)
        black = tk.Radiobutton(self.toolbar, text="黒 ",
                               variable=self.color_sel, value="black")
        black.pack(side=tk.LEFT)
```

```python
        red = tk.Radiobutton(self.toolbar, text=" 赤 ",
                                variable=self.color_sel, value="red")
        red.pack(side=tk.LEFT)
        green = tk.Radiobutton(self.toolbar, text=" 緑 ",
                                variable=self.color_sel, value="green")
        green.pack(side=tk.LEFT)
        yellow = tk.Radiobutton(self.toolbar, text=" 黄 ",
                                variable=self.color_sel, value="yellow")
        yellow.pack(side=tk.LEFT)

        # 線幅を設定する OptionMenu
        self.line_var = tk.IntVar()
        self.line_var.set(self.line_width)
        line_ws = (1, 2, 3, 4, 5, 6, 7, 8)
        line_menu = tk.OptionMenu(self.toolbar, self.line_var, *line_ws)
        line_menu.pack(side=tk.LEFT)

        # 「取り消し」ボタン
        undo_btn = tk.Button(self.toolbar, text=" 取り消し ",
                                command=self.undo)
        undo_btn.pack(side=tk.LEFT, padx=15)

    # マウスボタンが押された
    def button_pressed(self, event):    ⑩
        self.px = event.x
        self.py = event.y
        # 線の色
        self.color = self.color_sel.get()
        # 線幅
        self.line_width = self.line_var.get()

    # マウスが動いた
    def mouse_moved(self, event):    ⑪
        x = event.x
        y = event.y
        id = self.canvas.create_line(self.px, self.py, x, y,
                                fill=self.color, width=self.line_width)
        self.px = x
        self.py = y
        self.last_line.append(id)

    # ボタンが放された
    def button_up(self, event):    ⑫
        self.all_lines.append(self.last_line)
        self.last_line = []
```

```
    #  最後に描いた線を取り消す
    def undo(self):  ⑬
        if len(self.all_lines) > 0:
            last = self.all_lines.pop()
            for l in last:
                self.canvas.delete(l)

if __name__ == '__main__':
    root = tk.Tk()
    root.option_add("*font", "Courier 30")
    root.title(" お絵かきアプリ ")
    Oekaki(master=root)
    root.mainloop()
```

初期化メソッド「__init__」

　メイン部分はOekakiクラスとして定義しています。①の初期化メソッドでは、②の線の色（color）や、③の線幅（line_width）といった基本的なインスタンス変数の初期値を設定します。④で最後に書いた線のIDを管理するリストlast_line、⑤ですべての線を管理するリストall_linesを生成しています。どちらも初期状態では空です。

　⑥でcreate_toolbarメソッドを呼び出してツールバーを生成しています。⑦でCanvasを生成しています（bgオプションを"white"に設定し、背景色を白にしています）。

　⑧ではbindメソッドを使用して「<ButtonPress-1>」「<B1-Motion>」「<ButtonRelease-1>」の3つのマウスのイベントと3つのメソッドを結び付けています。

create_toolbarメソッド

　⑨のcreate_toolbarメソッドでツールバーに表示するウィジットの生成を行っています。色はRadiobuttonウィジット、線幅はOptionMenuウィジットで選択します。

button_pressedメソッド

　⑩がCanvas上でマウスボタンが押されたときに呼び出されるbutton_pressedメソッドです。

```
    def button_pressed(self, event):
        self.px = event.x   ┐
        self.py = event.y   ┘ ⓐ
        # 線の色
        self.color = self.color_sel.get()   ⓑ
        # 線幅
        self.line_width = self.line_var.get()   ⓒ
```

ⓐでイベントの座標をインスタンス変数px、pyに代入していま
す。

ⓑでは線の色をインスタンス変数colorに、ⓒでは線幅をline_
widthに代入しています。

mouse_movedメソッド

⑪が、Canvas上をドラッグすると呼び出されるmouse_moved
メソッドです。

```
    def mouse_moved(self, event):
        x = event.x   ┐
        y = event.y   ┘ ⓐ
        id = self.canvas.create_line(self.px, self.py, x, y,   ┐
                            fill=self.color, width=self.line_width)   ┘ ⓑ
        self.px = x   ┐
        self.py = y   ┘ ⓒ
        self.last_line.append(id)   ⓓ
```

button_pressedメソッドと同様に、ⓐでイベントの座標をイン
スタンス変数x、yに代入しています。ⓑでcreate_lineメソッドで、
(px，py)から(x，y)まで線を引き、ⓒで(x，y)を新たな(px，
py)にしています。ⓓで線のID番号をリストlast_lineに加えてい
ます。

button_upメソッド

⑫がCanvas上でボタンが放されると呼び出されるbutton_upメ
ソッドです。

```
    def button_up(self, event):
        self.all_lines.append(self.last_line)   ⓐ
        self.last_line = []   ⓑ
```

ⓐで最後の線のリストlast_lineを、すべての線のリストall_
linesに加えています。次に、ⓑでlast_lineを空にしています。

undoメソッド

⑬が「取り消し」ボタンから呼び出され、最後の線を消去する undoメソッドです。

```python
def undo(self):
    if len(self.all_lines) > 0:   (a)
        last = self.all_lines.pop()   (b)
        for l in last:   (c)
            self.canvas.delete(l)   (d)
```

ⓐでリストall_linesに要素があるか、つまり線が1つでもあるかを調べ、そうであれば、ⓑのpopメソッドで最後の要素を変数lastに代入して、リストから削除しています。

ⓒのfor文では変数lastから要素を順に取り出し、ⓓのdeleteメソッドで削除しています。

図15 実行結果(oekaki1.py)

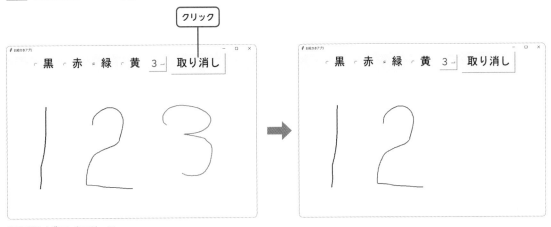

「取り消し」ボタンをクリック

Web APIを利用した アプリを作成する

現在では、Amazonや楽天市場といったネットショップで
の商品検索や、天気予報など、さまざまなサービスがWeb
APIとして公開されています。このレッスンではWeb API
を利用したシンプルなデスクトップアプリの作成について
説明します。

郵便番号検索アプリを作成する

THEME テーマ この節では、まずWeb APIの概要について説明します。その後で、Web APIの使用例として、郵便番号から住所を検索する郵便番号検索アプリを作成してみましょう。

Web APIとは

Web API とは、Web サーバー上で提供されるさまざまなサービスを、クライアント側のプログラムからアクセスするための仕様や仕組みのことです。現在ではさまざまなサイトが、検索サービスなどを Web API として提供しています。

HTTP/HTTPSプロトコルについて

Web ページの閲覧に使用する Web ブラウザと、Web サーバーとの通信には **HTTP/HTTPS** というプロトコルが利用されます。HTTP/HTTPS では、GET、POST、PUT、DELETE といったメソッドと呼ばれるコマンドを使用して、クライアントとサーバーとの間でやり取りが行われます 図1。

例えば、Web ブラウザで「https:// ホスト名 /HTML ファイルのパス」というアドレスを開くと、Web サーバーには GET メソッドを使用した「GET HTML ファイルのパス」というコマンドが送られ、Web サーバーは対応する HTML ファイルを Web ブラウザに返します。

> **WORD Web API**
>
> Web APIの "API" は「Application Programming Interface」の頭文字で、外部プログラムからデータにアクセスするための約束事です。外部に公開されている関数のようなものと捉えてもよいでしょう。Web APIは、インターネット経由でAPIを提供する機能です。

> **WORD HTTP/HTTPS**
>
> HTTPは「Hyper Text Transfer Protocol」の略で、WebブラウザとWebサーバーでやり取りをするためのプロトコル（規約）。HTTPSはHTTPに暗号化の機能を加えセキュリティを高めたもの。

図1 HTTP/HTTPSプロトコルを使ったやり取り

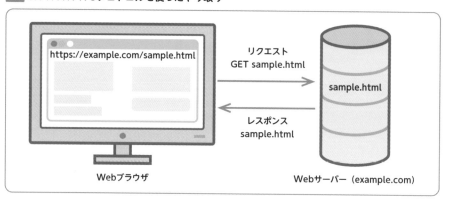

Web APIの場合も、HTTP/HTTPSプロトコルが使用されます。ただし、Webサーバーからレスポンスとして返されるのは、通常HTMLファイルではなく、JSONあるいは**XML**といったテキストデータとなります。

WORD　XML

XML (Extensible Markup Language) は、HTMLと同様、タグを使用して文章の構造を記述するマークアップ言語。

Webサーバーに何らかの情報を送るには

Web APIを提供するWebサーバーに何らかの情報を送るには、Web APIのアドレスの後ろに「クエリパラメータ」という情報を指定します。クエリパラメータはアドレスの後ろに「?」を記述し、その後ろに「パラメータ名=値」を記述します 図2 。

図2　クエリパラメータの指定

```
https://Web APIのアドレス?パラメータ=値
```

例えば、「https://goody.example.com/search」という何らかの検索を実行するWeb APIの**エンドポイント**があるとします。この場合「keyword」というクエリパラメータで検索文字列を指定するとしましょう。「moon」という文字列を検索するには、 図3 のようなリクエストを送ります。

WORD　エンドポイント

エンドポイントとはWeb APIにアクセスするためのURLのこと。

図3　文字列「moon」を検索

```
https://goody.example.com/search?keyword=moon
```

クエリパラメータが複数ある場合には、「パラメータ名=値」を「&」で繋いでいきます 図4 。

memo

クエリパラメータでは、半角アルファベット以外の、スペースなどの特殊文字、日本語などは、URLエンコードという形式でエンコードする必要があります。

図4　クエリパラメータが複数ある場合の書式

```
https://Weg APIのアドレス?パラメータ1=値1&パラメータ2=値2&...
```

JSONデータの取り扱い

Web APIが返すデータ形式として一般的なJSON (JavaScript Object Notation) は、テキストベースの軽量データ交換フォーマットです。

POINT

JSONは、もともとはJavaScript言語におけるオブジェクトの記述用テキストフォーマットとして開発されました。現在ではその利便性から多くの言語でサポートされています。

JSONのデータは、Pythonの辞書と同じように全体を「{ }」で囲み、コロン「:」で接続したキー（プロパティ）となる文字列と値のペアを、カンマ「,」で区切って指定します 図5。

図5 JSONデータの例

```
{
    "name": " 山田五郎 ",
    " 年齢 ": 35,
    " 出身地 ": " 東京都 "
}
```

値には、配列も使用できます。 図6 の例は「seasons」というキーの値として、4つの要素を持つ配列を記述しています。

図6 JSONデータの例（配列）

```
{
    "seasons": [" 春 ", " 夏 ", " 秋 ", " 冬 "]
}
```

JSONデータを読み込む

Pythonでは標準モジュールのjsonを使用すると、JSONデータを簡単に扱えます。

ここでは 図7 のようなJSONファイル「custmers.json」をPythonで読み込む例を示しましょう。

図7 customers.json

```
{
    "customers":[
        {
            "name": " 井上亨 ",
            "age": 33,
            "gender": " 男 "
        },
        {
            "name": " 江藤直子 ",
            "age": 29,
            "gender": " 女 "
        },
        {
```

```
            "name": "権平秀人",
            "age": 43,
            "gender": "男"
        }
    ]
}
```

図8にコードを示します。

図8 json1.py

```python
import os
import json    ①

dirname = os.path.dirname(__file__)
path = os.path.join(dirname, "customers.json")
in_file = open(path, "r")    ②

# JSON ファイルをロード
json_obj = json.load(in_file)    ③
print(json_obj)    ④

for customer in json_obj["customers"]:
    print(customer["name"], str(customer["age"]) + "才",
        customer["gender"])                              ⑤
in_file.close()    ⑥
```

①でjsonモジュールをインポートしています。②のopen関数でファイルを開いています。

③のjson.load関数でファイルを読み込み、**図10**のようなPythonのオブジェクトに変換し、④でそれをそのまま表示しています。

⑤のfor文で読み込んだ顧客情報を1人ずつ表示しています。

POINT

open関数の第2引数の"r"は、読み込みモードを示しています。

POINT

⑥のclose関数はファイルを閉じるメソッドですが、プログラムを終了すると自動で閉じられるので、なくても問題ありません。

図9　実行結果（json1.py）

```
{'customers': [{'name': '井上亨', 'age':
33, 'gender': '男'}, {'name': '江藤直子',
'age': 29, 'gender': '女'}, {'name': '権
平秀人', 'age': 43, 'gender': '男'}]}

井上亨　33才　男
江藤直子　29才　女
権平秀人　43才　男
```

④のprint文の出力

⑤のfor文のprint文の出力

図10 JSONの要素とPythonのオブジェクトの対応

JSON	Python
オブジェクト	dict
配列	list
文字列	str
数値（整数）	int
数値（浮動小数点数）	float
true	True
false	False
null	None

郵便番号検索APIを使ってみる

郵便番号検索APIを提供するサイトはいくつかありますが、ここでは「zipcloud」**図11** を使ってみましょう。

> **！ POINT**
>
> 使用にあたっては利用規約 (http://zipcloud.ibsnet.co.jp/rule/api) を確認してください。

図11 zipcloudのWebサイト

https://zipcloud.ibsnet.co.jp/

郵便番号検索APIを使用するには、クエリパラメータに「?zipcode=郵便番号」を指定して、エンドポイントとなるURL「https://zipcloud.ibsnet.co.jp/api/search」にアクセスします **図12** 。

図12 郵便番号検索API「zipcloud」にアクセスする設定

```
https://zipcloud.ibsnet.co.jp/api/search?zipcode= 郵便番号
```

　Web API は HTTP/HTTPS による通信を行うため、その動作は
Web ブラウザで試すことができます。郵便番号はハイフンなしの
7桁の数字で指定します。例えば、「1560044」を検索するには、
Web ブラウザのアドレスに 図13 のように指定します。

図13 Webブラウザで郵便番号を検索

```
https://zipcloud.ibsnet.co.jp/api/search?zipcode=1560044
```

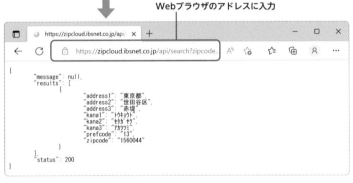

Webブラウザのアドレスに入力

検索結果

　結果として 図14 のような JSON ファイルが Web ブラウザに表示
されます。

図14 Webブラウザに表示されるJSONファイル

```
{
    "message": null,       ①
    "results": [           ②
        {
            "address1": " 東京都 ",
            "address2": " 世田谷区 ",
            "address3": " 赤堤 ",
            "kana1": " ﾄｳｷｮｳﾄ ",
            "kana2": " ｾﾀｶﾞﾔｸ ",
            "kana3": " ｱｶﾂﾂﾐ ",
            "prefcode": "13",
            "zipcode": "1560044"
        }
    ],
    "status": 200          ③
}
```

③の「status」が「200」の場合には、正常に終了したことを表します。エラーがある場合には①のmessageにその内容が格納されます。

検索結果は②の「results」をキーとする配列に格納されます。大抵の場合、要素数は1つの辞書です。郵便番号検索アプリではaddress1、address2、address3を取り出して表示します。

なお、見つからなかった場合にはキーがresultsの要素は「**null**」となります。

requestsモジュールを使用する

Pythonでは、Web APIにアクセスする際に外部モジュールのrequestsモジュールを使うとより簡単に行えます。

requestsモジュールはターミナルで 図15 図16 のようにしてインストールします。

図15 Windowsの場合

```
> pip install requests [Enter]
```

図16 Macの場合

```
% pip3 install requests [Enter]
```

requestsモジュールでGETメソッドを実行する

requestsモジュールを使用する場合、クエリパラメータは辞書として指定します 図17 。

図17 requestsモジュールのクエリパラメータの指定

```
変数 = { パラメータ1: 値1, パラメータ2: 値2, ...}
```

Web APIにHTTP/HTTPSのGETメソッドでアクセスするには、図18 のようにします。

図18 Web APIにGETメソッドでアクセス

```
結果を格納する変数 = requests.get(Web APIのURL, params=クエリパラメータを格納した変数)
```

　結果がJSON形式の場合、jsonメソッドでPythonのオブジェクトに変換できます 図19 。

図19 jsonメソッド

```
変数 = 結果を格納する変数 .json()
```

　例えば、郵便番号が変数zcodeに代入されている場合、郵便番号検索APIにリクエストを送り、結果をJSON形式で受け取り、Pythonのオブジェクトに変換するには 図20 のようにします。

図20 Web APIからデータを取得しPythonのオブジェクトに変換する流れ

```
import requests  ← requests モジュールをインポート
zipapi = "https://zipcloud.ibsnet.co.jp/api/search"  ← Web API のアドレス
params = {"zipcode": zcode}  ←クエリパラメータを設定
r = requests.get(zipapi, params=params)  ← GET メソッドを送信
zip_json = r.json()  ←レスポンスを Python オブジェクトに変換
```

コマンドラインで動作する郵便番号検索アプリを作成する

　以上のことをもとに、 図21 にコマンドラインで動作する郵便番号検索アプリを示します。

図21 zipcui1.py

```
import requests
zipapi = "https://zipcloud.ibsnet.co.jp/api/search"
zcode = input("郵便番号を入力してください : ")
params = {"zipcode": zcode}
r = requests.get(zipapi, params=params)
zip_json = r.json()

if zip_json["status"] != 200:    ①
    print(zip_json["message"])   ②
else:
    if zip_json["results"]:      ③
        print(zip_json["results"][0])   ④
    else:
        print("見つかりません ")   ⑤
```

　最初の部分は先ほどの説明と同じです。①のif文でstatusが200以外、つまりエラーがあるかどうかを調べ、エラーがあれば②でmessageの内容を表示しています。

エラーがない場合、③のif文でresultsに結果があるかどうかを調べています。結果があれば④で表示しています。ない場合には⑤で「見つかりません」と表示しています。

図22 実行結果1

> 郵便番号を入力してください： 00015 Enter
> パラメータ「郵便番号」の桁数が不正です。

図23 実行結果2

> 郵便番号を入力してください： 1560044 Enter
>
> {'address1': '東京都', 'address2': '世田谷区',
> 'address3': '赤堤', 'kana1': 'ﾄｳｷｮｳﾄ', 'kana2': 'ｾﾀｶﾞﾔｸ',
> 'kana3': 'ｱｶﾂﾂﾐ', 'prefcode': '13', 'zipcode':
> '1560044'}

図24 実行結果3

> 郵便番号を入力してください： 0000000 Enter
> 見つかりません

郵便番号検索アプリをGUI化する

続いて、tkinterを使用して郵便番号検索アプリをデスクトップアプリにしてみましょう 図25 。

図25 tkinterでデスクトップアプリにする

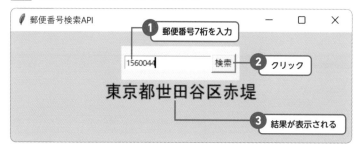

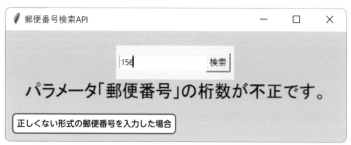

　入力テキストにはEntryウィジット、「検索」ボタンにはButton
ウィジット、結果の表示にはLabelウィジットを使用しています。
またメインの処理はFrameクラスのサブクラスであるZipSearch
クラスとして定義しています。

　図26 にコードを示します。

図26 zipgui1.py

```
import requests    ①
import tkinter as tk

class ZipSearch(tk.Frame):
    zipapi = "https://zipcloud.ibsnet.co.jp/api/search"    ②

    def __init__(self, master=None):    ③
        super().__init__(master, bg="lightblue", padx=20, pady=20)
        self.pack(fill=tk.BOTH)

        # 検索用フレーム
        self.search_frame = tk.Frame(self, pady=10, padx=5)
        self.search_frame.pack()

        # 入力テキスト（郵便番号）用変数
        self.zip_entry_var = tk.StringVar()    ④

        # 入力テキスト用 Entry
        self.zip_entry = tk.Entry(self.search_frame,
                            textvariable=self.zip_entry_var
                            )
        self.zip_entry.pack(side='left')

        # 「検索」ボタン
        self.search_button = tk.Button(self.search_frame,
                                text=" 検索 ",
                                command=self.search)    ⑤
        self.search_button.pack(side='left')
```

```python
        # 結果表示用のラベル
        self.result_label = tk.Label(self, bg="lightblue", font=("", 18))
        self.result_label.pack(fill=tk.X)

    def search(self):  ⑥
        zipcode = self.zip_entry_var.get()

        # 郵便番号 API を呼び出して JSON データを取得する
        params = {"zipcode": zipcode}
        result = requests.get(ZipSearch.zipapi, params=params).json()  ⑦

        # ステータスコードのチェック
        if result["status"] != 200:  ⑧
            self.result_label["text"] = result["message"]
        else:
            # 住所が見つかったかどうかをチェック
            if result["results"]:
                # 結果をラベルに表示
                self.result_label["text"] = result["results"][0]["address1"] +
                result["results"][0]["address2"] + result["results"][0]["address3"]
            else:
                self.result_label["text"] = " 見つかりません "

if __name__ == '__main__':
    root = tk.Tk()
    root.title(" 郵便番号検索 API")
    root.geometry("480x150")
    root["bg"] = "lightblue"
    app = ZipSearch(master=root)
    root.mainloop()
```

　①で requests モジュールをインポートしています。②で郵便番号 API のエンドポイントを変数 zipapi に代入しています。

　③の初期化メソッド「__init__」では、各ウィジットの初期化を行っています。郵便番号入力用の Entry では、④でウィジット変数 zip_entry_var を用意しています。

「検索」ボタンでは、⑤の command オプションでクリックされたら search メソッドを呼び出すようにしています。

　⑥で search メソッドを定義しています。内容は「zipcui1.py」と同様に、⑦で GET メソッドで郵便番号 API にリクエストを送り、受け取った JSON データを Python のオブジェクトに変換し、変数 result に代入しています。

　⑧の if 文ではステータス（status）をチェックし、結果をラベルに表示しています。

入力時に郵便番号を検証する

　続いて、Entryウィジットの検証機能（Lesson 3『Entryウィジットの入力データの検証』◯）を使用して、Entryウィジットに数字以外は入力できないようにします。また、数字が7桁でない場合には「検索」ボタンを無効にします 図27 。

141ページ参照

図27 7桁の数字でない場合には「検索」ボタンが押せない

　図28 に変更部分のコードを示します。

図28 zipgui2.py（一部・追記部分を太字で表示しています）

```
～ 略 ～
    def __init__(self, master=None):
～ 略 ～
        # 入力テキスト（郵便番号）用変数
        self.zip_entry_var = tk.StringVar()
        # 数字以外は入力できないようにする
        val_cmd = master.register(self.validate_digit)    ①
～ 略 ～
        self.zip_entry = tk.Entry(self.search_frame,
                            validate="key",    ②
                            validatecommand=(val_cmd,  "%S","%P",),    ③
                            textvariable=self.zip_entry_var
                            )
～ 略 ～
        self.search_button.pack(side='left')
        self.search_button["state"] = "disabled"    ④
～ 略 ～
    def validate_digit(self, char, entry_str):    ⑤
        if char.isdigit():    ⑥
            if len(entry_str) == 7:    ⑦
                self.search_button["state"] = "normal"
            else:
                self.search_button["state"] = "disabled"
            return True
        else:
            return False    ⑧
～ 略 ～
```

①では、後述する検証用のvalidate_digitメソッドをval_cmdとして登録しています。Entryウィジットのコンストラクタでは、②でvalidateオプションを"key"に設定し、キーが押されるたびにvalidate_digitメソッドを呼び出すようにしています。③ではvalidatecommandオプションにパラメータとして"%P"と"%S"を設定し、文字列全体と、挿入された文字の両方をvalidate_digitメソッドに渡すようにしています。④で「検索」ボタンを初期状態で無効にしています。

　⑤が検証用のvalidate_digitメソッドの定義です。引数charにタイプした1文字が、引数entry_strに文字列全体が渡されます。

　⑥の外側のif文では、タイプした文字が数字かどうかをisdigitメソッドで調べ、数字でなければ⑧でFalseを戻して入力を無効にしています。

　⑦の内側のif文では、文字列の長さが7文字であるかどうかを調べ、ちょうど7文字であれば「検索」ボタンを有効に、そうでなければ無効にしています。

 POINT

isdigitは文字が数字であればTrueを、そうでなければFalseを戻すstrクラスのメソッドです。

YouTube検索アプリを作成する

THEME テーマ Web APIを使用したもう1つのデスクトップアプリの作成例として、Googleが提供するYouTube Data APIを利用したYouTubeビデオ検索アプリの作成について解説します。

作成するYouTube検索アプリについて

ここで作成するYouTube検索アプリでは、Entryウィジットにキーワードを入力して「検索」ボタンをクリックすると、個々の検索結果をフレームに表示します 図1。各フレームの左にはサムネイル画像を表示したラベルを、右側にはタイトルを表示するラベルと詳細情報を表示するTextウィジットを配置しています。

図1 作成するYouTube検索アプリ

ラベルのサムネイル画像には対応するYouTubeページへのリンクが設定され、クリックするとWebブラウザが起動し、YouTubeビデオのWebページが表示されます 。

図2 Webブラウザで表示されたYouTubeページ

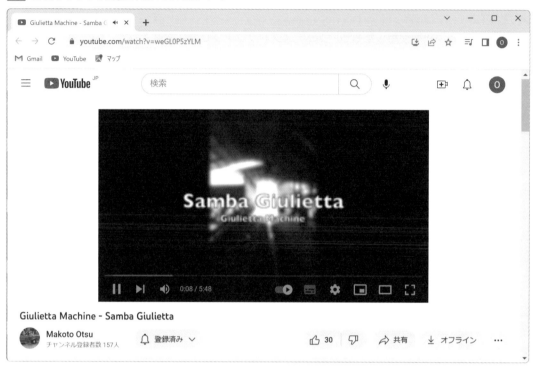

Pillowを使用してインターネット画像を表示する

　YouTube動画検索アプリでは、Webからサムネイル画像を取得して表示しています。Lesson 3の『外部イメージの読み込みについて』 では、tkinter標準のPhotoImageクラスをイメージの表示に使用しました。PhotoImageクラスを使用して読み込み可能な外部グラフィックファイルのフォーマットはPNG、GIF、PPM、Xbitmapの4種類です。

115ページ参照

! POINT

PNGは、Tkinterのバージョン8.6からサポートされています。

　YouTubeのサイトで使用されるイメージはJPEG形式のため、PhotoImageクラスだけでは表示できません。JPEGなどのグラフィックファイルを扱うためにはPillowという外部のグラフィッククライブラリが便利です。

　Pillowは次のようにしてインストールします 図3 図4。

図3 Windowsの場合

```
> pip install Pillow Enter
```

図4 Macの場合

```
% pip3 install Pillow Enter
```

JPEGイメージを表示するには

まず、Pillowによるグラフィックファイルの読み込みの例として、ここではローカルに保存されたJPEGフォーマットのイメージファイルを読み込んでラベルに表示する例を示しましょう。次に手順を示します。

POINT

Pillowのパッケージ名はPILです。

1 PillowからImageモジュールとImageTkモジュールをインポートします。

```
from PIL import Image, ImageTk
```

2 Imageモジュールのopenメソッドでイメージファイルを開き、PillowのImageオブジェクトを生成します。

```
img_pil = Image.open( ファイルのパス )
```

3 ImageTKモジュールのPhotoImageクラスのコンストラクタを使用してtkinterと互換性のあるPhotoImageオブジェクトを生成します。

```
img_tk = ImageTk.PhotoImage(image_pil)
```

PhotoImageオブジェクトが生成できたら、LabelやButtonのimageオプションを使用して表示できます。

図5にPillowを使用して「images/bird.jpg」をラベルに表示する例を示します。

図5 pil_image1.py

```
import tkinter as tk
import os
from PIL import Image, ImageTk

```

```
# メインウィンドウ
root = tk.Tk()
# タイトル
root.title("Pillowのテスト ")

file_path = os.path.join(os.path.dirname(__file__), "images/bird.jpg")
photo_pil = Image.open(file_path)      ①
photo_tk = ImageTk.PhotoImage(photo_pil)      ②
label = tk.Label(image=photo_tk)      ③
label.pack()

# メインループ
root.mainloop()
```

①でPIL Imageオブジェクトを生成し、②でPhotoImageオブジェクトに変換し、変数photo_tkに代入しています。③でphoto_tkをラベルに表示しています。

図6 実行結果（pil_image1.py）

インターネットからJPEGイメージを取得して表示する

YouTube検索アプリではサムネイル画像のJPEG画像をインターネットから取得しています。インターネットからJPEGイメージを取得して表示するには、requestsモジュールとPillowモジュールを組み合わせます。

図7 に、JPEGファイル「https://o2-m.com/lake1.jpg」を取得してラベルに表示する例を示します。

図7 urlimage1.py

```python
import tkinter as tk
from PIL import Image, ImageTk
import requests

# メインウィンドウ
root = tk.Tk()
# タイトル
root.title(" インターネット上のイメージを取得 ")

URL ="https://o2-m.com/lake1.jpg"
img = requests.get(URL).content    ①
photo = ImageTk.PhotoImage(data=img)    ②

label = tk.Label(image=photo)    ③
label.pack()

root.mainloop()
```

　①でrequestsモジュールのget関数を使用して、イメージのURLにアクセスしています。contentプロパティにはバイナリデータが格納されるので、それを変数imgに代入しています。

　②でImageTk.PhotoImageコンストラクタを使用してtkinterのPhotoImageオブジェクトに変換します。このとき、キーワード引数dataには①で取得したimgを指定します。

　③で取得したイメージをラベルに表示しています。

図8 実行結果(urlimage1.py)

WebページのリンクをWebブラウザで開く

YouTube検索アプリでは、リンクが設定されているサムネイル画像をクリックすると、Webブラウザが起動してWebページを開きますが、そのためには標準モジュールのwebbrowserを使用します。

図9 に、ボタンをクリックすると「https://google.co.jp/」を開く例を示します。

図9 openweb1.py

```python
import tkinter as tk
import webbrowser

# メインウィンドウ
root = tk.Tk()
root.geometry("200x100")
# タイトル
root.title("Web ブラウザでリンクを開く ")

url ="https://google.co.jp/"
button = tk.Button(root, text=" オープン Web", command=lambda: webbrowser.open(url))  ①
button.pack()

root.mainloop()
```

WebブラウザでURLを開くには、webbrowserモジュールのopen関数をURLを引数に実行します。①では、Buttonのコンストラクタのcommandオプションでクリックされたらopen関数を呼び出すようにしています。このとき、open関数に引数を渡しているためラムダ式にする必要があります。

📝 **POINT**

ラムダ式を使用せずに直接「command=
webbrowser.open(url)」とすると
引数を渡せないので注意してください。

図10 実行結果(openweb1.py)

Googleのページが表示される

Textウィジット

　詳細情報の表示には、複数行のテキストを表示するTextウィジットを使用しています。Textウィジットにテキストを挿入するにはinsertメソッドを使用して**図11**のようにします。

図11 insertメソッド

```
text.insert( 挿入したい箇所 , 挿入する文字列 )
```

　挿入したい箇所には"行.列"のように、行と列をピリオドで区切って文字列として指定します。例えば、"1.0"は最初の位置を指定します。
　図12に使用例を示します。

図12 text1.py

```
import tkinter as tk

# メインウィンドウ
root = tk.Tk()
# タイトル
root.title("Text ウィジットのテスト ")

text = tk.Text(
    root,
    width=45,           ①
    height=3
)
text.pack()

lines = """ こんにちは Python の世界へようこそ   ②
tkinter で GUI プログラミング
WebAPI を使用する """
text.insert("1.0",lines)   ③

root.mainloop()
```

　①で、Textウィジットを幅「45」、高さ「3」で生成しています。
　②で表示する文字列を変数linesに代入しています。
　③のinsertメソッドで、Textウィジットの最初の位置に変数linesの内容を表示しています。

! POINT

width（幅）、height（高さ）の単位は文字数です。

! POINT

「"""」と「"""」で文字列を囲むと、複数行にわたる文字列を生成できます。

図13 実行結果(text1.py)

APIキーを取得する

YouTube Data API を使用するには、あらかじめ Google にアカウントを登録し、さらに次のようにして「YouTube Data API v3」の API キーを取得し、それを有効にしておく必要があります。

1 Web ブラウザで Google アカウントにログインし、Google Cloud の「API とサービス」(https://console.developers.google.com/apis/) を開きます 図14。

memo
既存のプロジェクトが存在せずに以降に進めない場合は、先にプロジェクトを作成してください。

図14 Google Cloudの「APIとサービス」

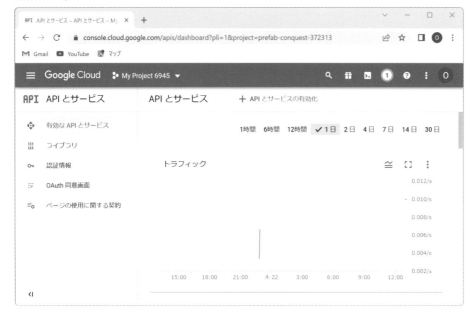

2 左のタブで「認証情報」を選択し、「認証情報」ページを表示します。上部の「認証情報を作成」をクリックして、メニューから「API キー」を選択します 図15。

図15 Google Cloudの「APIとサービス」

3 APIキーが作成されます **図16** 。

図16 APIキー

4 左のタブで「ライブラリ」を選択し、表示される一覧から
「YouTube Data API v3」を選択します 図17 。

図17 ライブラリで「YouTube Data API v3」を選択

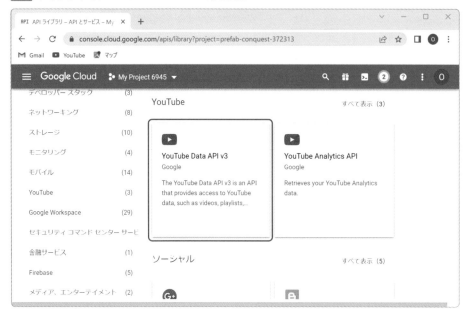

5 「YouTube Data API v3」画面で、「有効にする」をクリックします
図18 。

図18 「YouTube Data API v3」を有効にする

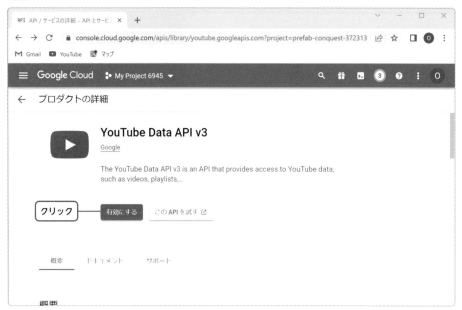

WebブラウザでYouTube Data APIにアクセスする

APIキーを取得したら、WebブラウザでYouTube Data APIにアクセスして検索結果を確認してみましょう。

Webブラウザで図19のような形式でURLにアクセスすると、検索結果がJSONデータで表示されます。適当なキーワード、最大検索数、およびAPIキーを設定してください。

図19 URLにアクセスする形式

```
https://www.googleapis.com/youtube/v3/search?part=snippet&q
=[ キーワード ]&type=video&maxResults=[ 最大検索数 ]&key=[API キー ]
```

検索結果のJSONデータから、作成するYouTube検索アプリに必要な情報を取り出すと図20のようになります

図20 YouTube検索アプリに必要な情報

```
{
    "kind": "youtube#searchListResponse",
    "regionCode": "JP",
    "items": [   ①
        {
            "kind": "youtube#searchResult",
            "etag": "\"XpPGQXPnxQJhLgs6enD_n8JR4Qk/0LG4Jg0EV14c5UiMLdaaet_v2CM\"",   ②
            "id": {
                "kind": "youtube#video",
                "videoId": "UOxkGD8qRB4"   ③
            },
            "snippet": {
                "title": "タイトル",   ④
                "description": "詳細情報 .",   ⑤
                "thumbnails": {
                    "default": {
                        "url": "https://i.ytimg.com/vi/NyVLI5jY5xE/default.jpg",   ⑥
                        "width": 120,
                        "height": 90
                    },

                    ~
                },
                "channelTitle": "League of Legends",
                "liveBroadcastContent": "none"
            }
```

```
        },

      ~

    ]
}
```

①のitems配列の要素には、検索されたビデオの情報が格納されています。②のetagはリソースを一意に識別する値です。

③のvideoIdはビデオのIDです。次のURLでビデオのWebページが表示されます。

```
https://www.youtube.com/watch?v=[videoId]
```

④のtitleが動画のタイトル、⑤のdescriptionが詳細情報です。⑥のurlが動画のサムネイル画像のURLです。

PythonからYouTube Data APIにアクセスする

以上の説明をもとに、YouTube Data APIにアクセスし、キーワード「富士山」で検索を行って最大5件のJSONデータを取得し、id、タイトル（title）、詳細情報（description）、サムネイル画像のURL（thumbnail）を表示するプログラムの例を示します 図21 。

図21 youtubeapi_test1.py

```python
import requests

youtube_api = "https://www.googleapis.com/youtube/v3/search"    ①
apikey = "xxxxxxxxxxxx API キー xxxxxxxxxxxxxx"    ②
keyword = " 富士山 "    ③
params = {"part": "snippet", "q": keyword, "type": "video",
          "maxResults": "5", "key": apikey}    ④

results = requests.get(youtube_api, params=params).json()    ⑤

for item in results["items"]:
    print("■ id: ", item["id"]["videoId"])
    print("title:", item["snippet"]["title"])                    ⑥
    print("desc:", item["snippet"]["description"])
    print("thumbnail:",item["snippet"]["thumbnails"]["default"]["url"])
```

　①でYouTube Data APIのベースURLを変数youtube_apiに代入しています。②でAPIキーを変数apikeyに代入しています。ご自身で取得したAPIキーを貼り付けてください。③で変数keywordにキーワードとして"富士山"を代入し、④でクエリパラメータを変数paramsにセットしています。

　⑤でgetメソッドを実行してJSONデータを取得し、変数resultsに格納しています。

　⑥のfor文では変数resultsの内容を表示しています。

図22 **実行結果（youtubeapi_test1.py）**

```
■  id:   cohmB_LHD-Y
title： もし富士山が噴火したら・・・火山学"権威"が被害予測（2021年5月14日）
desc： 世界各地で火山が次々と噴火。これらの動きは日本でも、桜島や阿蘇、諏訪之瀬島など次々噴火。活発的な火山活動が各地で起き ...
thumbnail: https://i.ytimg.com/vi/cohmB_LHD-Y/default.jpg
■  id:   CF44B3AAyM0
title： 死者1億人… 富士山大噴火の300倍を超える"破局的噴火"が恐ろしすぎます
desc： 富士山噴火の300倍を超える破局的噴火。想像を絶する規模ですが、日本で実際に発生したことのある噴火です。そして、もしも ...
thumbnail: https://i.ytimg.com/vi/CF44B3AAyM0/default.jpg
■  id:   1gZjH8RA8Mw
title：【SixTONES】晴れているのに…今日は富士山閉店中！？
desc： どうも！SixTONESです！ 今回は大人気ドライブ企画「富士山激写ドライブ対決」です！！
thumbnail: https://i.ytimg.com/vi/1gZjH8RA8Mw/default.jpg
■  id:   N7MFCcbQ-dk
title：【吹奏楽】富士山～北斎の版画に触発されて～［作新学院 / 栃木］
desc： 第23回（2017年度）東関東吹奏楽コンクール〈金賞〉演奏：作新学院高等学校吹奏楽部（栃木県代表）指揮：三橋英之　真島 ...
thumbnail: https://i.ytimg.com/vi/N7MFCcbQ-dk/default.jpg
■  id:   Wvxk16-IcBM
title： 富士山（ふじの山）🗻（♬頭を雲の上に出し～）by ひまわり🌻×3 歌詞付き｜文部省唱歌【日本の歌百選】Fuji Mountain｜
desc： 日本で最も高い山「富士山」の雄大さと美しさを歌った、文部省唱歌です。 明治時代43年の初版時のタイトルは「ふじの山」で ...
thumbnail: https://i.ytimg.com/vi/Wvxk16-IcBM/default.jpg
```

YouTube検索アプリを作成する

　これまでの説明をもとに、YouTube検索アプリを作成してみましょう。クラスとしてはメインクラスであるYoutubeSearchクラスと、検索結果を1つずつ表示するContentFrameクラスの2つを用意しています。どちらもFrameクラスのサブクラスです。

モジュールのインポート

　モジュールとしては次の5つをインポートしています 図22 。

図22 youtubesearch1.py（モジュールのインポート部分）

```
import tkinter as tk
import tkinter.messagebox
from PIL import ImageTk, Image
import webbrowser
import requests
```

ContentFrameクラス

　まず、ContentFrameクラスはFrameクラスのサブクラスで、個々のビデオ情報を表示します。タイトルをLabelウィジットで、詳細情報をTextウィジットで、サムネイル画像をLabelウィジットで表示します。サムネイルにはwebbrowserモジュールでリンクを設定し、クリックするとYouTubeのビデオを開くようにしています 図23 。

図23 ContentFrameクラス

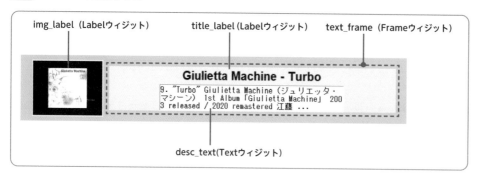

img_label (Labelウィジット)　　title_label (Labelウィジット)　　text_frame（Frameウィジット）

Giulietta Machine - Turbo
9. "Turbo" Giulietta Machine（ジュリエッタ・マシーン）1st Album「Giulietta Machine」200
3 released / 2020 remastered 江藤 ...

desc_text(Textウィジット)

　図24 に、ContentFrameクラスのコードを示します。

図24 youtubesearch1.py（ContentFrameクラス部分）

```python
class ContentFrame(tk.Frame):
    # 個々の検索結果表示用のフレーム
    def __init__(self, master, id, title, desc, img):  ①
        super().__init__(master, bg="lightblue", padx=10, pady=10)
        self.pack(fill=tk.X)
        self.img_url = img

        self.video_id = id
        self.youtube_url = "https://www.youtube.com/watch?v=" + self.video_id
        self.title = title
        self.description = desc

        # サムネイル画像を生成
        img = requests.get(self.img_url).content
        self.tk_img = ImageTk.PhotoImage(data=img)           ②

        # イメージ表示用ラベル
        self.img_label = tk.Label(self, image=self.tk_img)   ③
        self.img_label.pack(side=tk.LEFT)
        # イメージにリンクを設定
        self.img_label.bind(
            "<Button-1>", lambda e: webbrowser.open(self.youtube_url))  ④

        # タイトルと詳細表示用のフレーム
        self.text_frame = tk.Frame(self)
        self.text_frame.pack(fill=tk.X, padx=10, pady=10)
        # タイトル表示用ラベル
        self.title_Label = tk.Label(
            self.text_frame, text=self.title,  font=("", 15, "bold"))
        self.title_Label.pack()
        # 詳細表示用 Text
        self.desc_text = tk.Text(
            self.text_frame,
            width=45,
            height=3,
        )
        self.desc_text.pack()
        self.desc_text.insert("1.0", self.description)
```

　メソッドは①の初期化メソッド「__init__」だけです。引数には検索結果をまとめて格納するフレームを「master」、ビデオIDを「id」、タイトルを「title」、ビデオ情報を「desc」、サムネイル画像のURLを「img」として渡しています。メソッドの内部では、各ウィジットを配置しています。

　②でサムネイル画像を生成し、③でラベルに表示しています。

このとき、④の bind メソッドで、クリックされたら webbrowser
モジュールの open 関数で Web ブラウザを開くようにします。

YoutubeSearchクラス

　YoutubeSearch クラスがメインクラスです。これも Frame クラ
スのサブクラスです。Entry ウィジットに入力したキーワードから、
YouTube API を検索します。

　図25 にコードを示します。

図25 youtubesearch1.py（YoutubeSearchクラス部分）

```
class YoutubeSearch(tk.Frame):
    # YouTube API を検索する
    def __init__(self, master=None):   ①
        self.youtube_api = "https://www.googleapis.com/youtube/v3/search"
        # API キーを設定
        self.apikey = "xxxxxxxxxxxxx API キー xxxxxxxxxxxxxx"   ②
        super().__init__(master, bg="lightblue", padx=20, pady=10)
        self.pack(fill=tk.X)

        # 検索テキストと「検索」ボタン用フレーム
        self.search_frame = tk.Frame(self, pady=10, padx=15)
        self.search_frame.pack()

        # 検索テキスト用の変数
        self.keyword_entry_var = tk.StringVar()

        # 検索キーワード用の Entry
        self.keyword_entry = tk.Entry(self.search_frame,
                                      textvariable=self.keyword_entry_var
                                      )
        self.keyword_entry_var.set("Giulietta Machine")
        self.keyword_entry.pack(side='left')

        # 「検索」ボタン
        self.search_button = tk.Button(self.search_frame,
                                       text=" 検索 ",
                                       command=self.search)
        self.search_button.pack(side='left')
        # 「クリア」ボタン
        self.clear_button = tk.Button(self.search_frame,
                                      text=" クリア ",
                                      command=self.clear)
        self.clear_button.pack(side='left')
```

```
        # 結果表示用のフレーム
        self.results_frame = tk.Frame(self, bg="lightblue", pady=2)
        self.results_frame.pack(fill=tk.Y)

        # 検索結果を格納するリスト
        self.search_results = []    ③

    def clear(self):    ④
        # 検索結果をクリアする
        for item in self.search_results:
            item.destroy()
        self.search_results = []
        print(len(self.search_results))

    def search(self):    ⑤
        # 検索を実行する
        self.clear()

        # 検索キーワードを取得
        keyword = self.keyword_entry_var.get()

        # キーワードの入力がない場合にはエラー
        if len(keyword) == 0:
            tk.messagebox.showerror("エラー", "検索キーワードを入力してください")
            return

        # クエリパラメータ
        params = {"part": "snippet", "q": keyword, "type": "video",
                  "maxResults": "6", "key": self.apikey}    ⑥

        # リクエストを送信して結果を取得
        results = requests.get(self.youtube_api, params=params).json()    ⑦

        if len(results["items"]) == 0:
            tk.messagebox.showerror("エラー", "見つかりません")
            return

        # 検索結果を一つずつ取り出し ContentFrame を生成して表示する
        for item in results["items"]:    ⑧
            id = item["id"]["videoId"]
            title = item["snippet"]["title"]
            desc = item["snippet"]["description"]
            img = item["snippet"]["thumbnails"]["default"]["url"]
            self.search_results.append(ContentFrame(
                self.results_frame, id, title, desc, img))
```

①が初期化メソッド「__init__」です。取得したAPIキーを②でインスタンス変数apikeyに代入してください。

その後ろでは検索キーワード用のEntryやボタンを設定し、最後に③の検索結果を格納するための空のリストsearch_resultsをインスタンス変数として用意しています。

実際に検索を行うのが⑤のsearchメソッドです。まず、④で定義されているclearメソッドを呼び出して、過去の検索結果をクリアしています。

⑥でクエリパラメータを設定し、⑦でリクエストを送信し、結果をPythonのオブジェクトに変換して変数resultsに代入しています。

⑧のfor文では、検索結果からビデオのIDやタイトル、サムネイル画像のURLを取り出し、それらを引数にContentFrameオブジェクトを生成し、それをリストsearch_resultsに追加しています。

> **memo**
> 最大検索数 (maxResults) を6に設定しています。

YoutubeSearchオブジェクトの生成部分

図26 に、ファイルの最後の部分のYoutubeSearchクラスからインスタンスを生成している部分を示します。

図26 youtubesearch1.py (YoutubeSearchクラス生成部分)

```
if __name__ == '__main__':
    root = tk.Tk()   ①
    root.geometry("700x800")
    root["bg"] = "lightblue"
    root.title("YouTube 検索 ")
    app = YoutubeSearch(master=root)   ②
    root.mainloop()
```

①でメインウィンドウを生成し、②でそれを引数にYoutubeSearchクラスのコンストラクタを実行しています。

ゲームを作成する

Pythonに慣れるにはいろいろとプログラムを書いてみるのが一番です。Pythonは機械学習やデータ処理の分野で人気がありますが、それ以外にもいろいろなことができます。このレッスンの目的はゲームの作成を通してPythonに慣れることです。ゲーム用のライブラリはPygame、Pyxel、Pygame Zeroなどいくつかありますが、今回は「Pygame Zero」を使用することにします。プログラミング教育目的で設計されたこともあり、使い方がシンプルです。

準備　基本　応用　発展

Lesson 5

01

⏰ 30 min

Pygame Zeroを インストールして触ってみる

> **THEME テーマ** Pygame Zeroを使用するためにはモジュールをインストールする必要があります。詳細な使い方を説明する前に、まずは触ってみましょう。

インストール

Pygame Zeroをインストールするには、Windowsの場合はターミナルから以下のコマンドを実行してください 図1。

図1 インストールコマンドを実行する

```
pip install pgzero
```

> **! POINT**
> Macの場合はpip3コマンドを使用してください。

最初のプログラム 図2 を実行してみましょう。

図2 just-window.py

```
import pgzrun       ①

WIDTH = 300      ]
HEIGHT = 300     ]  ②

def draw():        ③
    screen.fill((128, 0, 0))   ④

pgzrun.go()     ⑤
```

たったこれだけのコードでウィンドウが表示されます。

最初に、①の"import pgzrun"でモジュールを読み込みます。

次に、②で**グローバル変数**WIDTH、HEIGHTに数値を代入することでウィンドウのサイズを指定します。

③にあるように、draw関数を定義して描画する内容を記述します。この関数は描画が必要になったときに自動で呼び出されます。

④にあるscreenという変数はPygame Zeroにおいてウィンドウを表すオブジェクトです。ここではfillメソッドで背景色(128,0,0)を指定しています。

> **WORD グローバル変数**
>
> 関数の外で宣言された変数のこと。関数の中で宣言された変数を「ローカル変数」と呼びますが、ローカル変数は宣言された関数の中でしか使用できず、関数の実行が終了すると値が破棄されます。一方、グローバル変数はどこからでもアクセスでき、プログラムの実行が終了するまで値が保持されます。
> グローバル変数は便利ですが、いろいろなところから値を書き換えられるとバグの温床になる可能性があります。そこで、Pythonでは関数の中でグローバル変数の値を書き換えるときには「global 変数名」と宣言し、「この関数では、このグローバル変数を書き換えます」という意思表示をする必要があります。

　赤・緑・青の3つの成分を組み合わせるといろいろな色を表現できるので、赤緑青は光の三原色と呼ばれます。Red、Green、Blueの頭文字をつなげるとRGBとなりますが、コンピューターの世界で色を表現するときによく使用されます。Pygame Zeroでも色は（赤成分，緑成分，青成分）のタプル形式で指定します。それぞれの成分は0〜255の範囲で指定します。（128,0,0）は暗い感じの赤色という指定です。

　最後に⑤でpgzrun.go()を実行すると、処理が開始されます。

図3　実行結果（just-window.py）

　なお、ゲームを作成するモジュールには、Pygame Zero以外にも 図4 のようなものが存在します。なかでもPygame Zeroはプログラミングの教育目的で開発されたモジュールであるため、使い方が簡単で、入門用には最適です。

図4　Pythonで利用されるゲーム作成用のモジュール

モジュール	特徴
Pygame	2000年ころから開発されている歴史あるライブラリです。画像や音声を扱うライブラリを含み、ビデオゲームを製作するために設計されました。
Pygame Zero	Pygameを抽象化して初心者にも使いやすくしたのがPygame Zeroです。使用できる機能が若干制限される部分もありますが、プログラミング初心者にも習得しやすい関数やクラスから構成されています。
Pyxel	ドット絵などを使ったレトロゲームの作成に適したライブラリです。
Arcade	オブジェクト指向を意識した設計のライブラリです。物理エンジンのモジュールも含んでいるので、そのようなゲームを作る場合には適しています。

基本図形を描画する

| THEME テーマ | ウィンドウを表示するだけでは楽しくありません。そのウィンドウ上にいろいろな描画をしてみましょう。まずは、基本図形からはじめます。 |

基本的な図形の描画

screenオブジェクトにはdrawというプロパティがあります。そのオブジェクトには、描画のためのメソッドがいろいろ用意されています 図1。

図1 描画のためのメソッド

メソッド	説明
draw.line(start, end, (r, g, b))	start の座標から end の座標まで直線を描画する
draw.circle(pos, radius, (r, g, b))	中心が pos、半径が radius の円の輪郭を描画する
draw.filled_circle(pos, radius, (r, g, b))	中心が pos、半径が radius の円を塗りつぶす
draw.rect(rect, (r, g, b))	四角形の輪郭を描画する。四角形の領域指定には Rect を使う
draw.filled_rect(rect, (r, g, b))	塗りつぶしで四角形を描画する
draw.text(text, pos)	テキストを描画する
draw.textbox(text, rect)	引数に指定された Rect 領域の大きさでテキストを描画する

memo
(r, g, b)という部分は色指定です。

いくつかサンプルを見てみましょう。

図2 basic-draw1.py

```
import pgzrun
WIDTH, HEIGHT = 300, 300

def draw():
    for i in range(0,300,10):    ①
        screen.draw.line((0,i), (i,300), (i/2, 255, 255-i/2))    ②

pgzrun.go()
```

実行結果は 図3 のようになります。

図3　実行結果（basic-draw1.py）

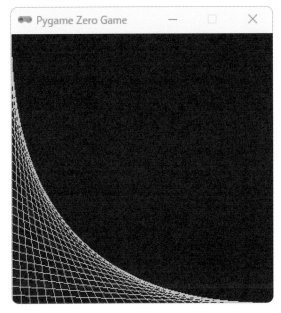

①で for 文を使い、0, 10, 20, … 290 まで 30 回繰り返しています。変数 i はループ変数です。

②の line メソッドは 2 つの座標を結ぶ線を描画します。引数の start、end はそれぞれ座標で、(x，y) の形式で指定します。上記例では、(0,i) から (i,300) へ直線を描画しています。

次は、円と矩形の描画を見てみましょう 図4 。

197

図4 basic-draw2.py

```
import pgzrun
WIDTH, HEIGHT = 500, 450

def draw():
    # 線を描画
    for i in range(4):    ①
        y = i*100 + 50
        x = i*100 + 100
        screen.draw.line((0,y), (WIDTH,y), (255,255,255))
        screen.draw.line((x,0), (x,HEIGHT), (255,255,255))

    # 各図形（円・矩形 x 枠・塗り潰し）を描画
    for i in range(4):    ②
        y = i*100 + 50
        c = (i*80, 128, 0)

        screen.draw.circle((100, y), 40, c)    ③
        screen.draw.filled_circle((200, y), 40, c)    ④
        r0 = Rect(300, y, 60, 40)
        r1 = Rect(400, y, 40, 60)
        screen.draw.rect(r0, c)    ⑤
        screen.draw.filled_rect(r1, c)    ⑥

pgzrun.go()
```

実行結果は 図5 のようになります。

図5 実行結果（basic-draw2.py）

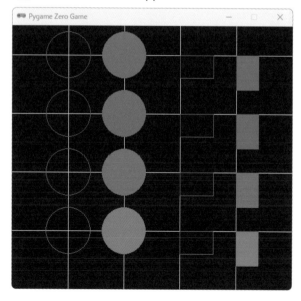

　最初のfor文①ではlineメソッドを使って座標の目印となる線を描画しています。次のfor文②では、左から右へ、③circle（円）、④filled_circle（塗りつぶしの円）、⑤rect（矩形）、⑥filled_rect（塗りつぶしの矩形）と描画しています。

　円は中心の座標（x,y）と半径radiusで場所と大きさを指定します。

　矩形の場所と大きさは、pgzero.rect.Rectクラスのオブジェクトで指定します。

図6 Rectオブジェクト

オブジェクト	説明
Rect(x, y, w, h)	x：左上x座標 y：左上y座標 w：幅 h：高さ

　テキストの描画を見てみましょう 図7 。

図7 basic-draw3.py

```python
import pgzrun
WIDTH, HEIGHT = 700, 350

def draw():
    # (100,100) の場所に文字を描画
    screen.draw.line((100, 0), (100, HEIGHT), (255, 255, 255))    ①
    screen.draw.line((0, 100), (WIDTH, 100), (255, 255, 255))
    screen.draw.text("Hello", (100, 100), fontsize=50)    ②

    # いろいろな引数で文字を描画
    screen.draw.text("Hello", (0, 200), fontsize=30)
    screen.draw.text("Hello", (100, 200), fontsize=50)
    screen.draw.text("Hello", (200, 200), fontsize=50, color=(0, 255, 0))    ③
    screen.draw.text("Hello", (300, 200), fontsize=50,
                     color=(0, 255, 0), background=(200, 200, 200))

    # textbox で文字を描画
    for i in range(4):
        y = i * 50 + 50
        r = Rect(400, y, 100 + i*50, 40)
        screen.draw.rect(r, (255,255,255))
        screen.draw.textbox("World", r)    ④

pgzrun.go()
```

実行結果は 図8 のようになります。

図8 実行結果（basic-draw3.py）

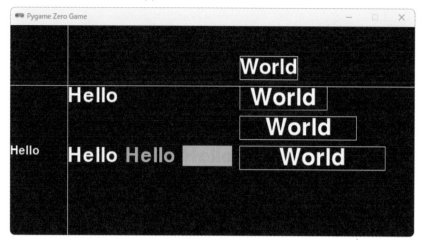

①では（100，100）の座標で線が交わるように line メソッドで線を描画します。

②ではその座標（100，100）を指定して、"Hello" という文字を fontsize が 50 の大きさで描いています。③にあるように、text メソッドでは fontsize、color、background などいろいろな指定ができます。画面中央部にサイズや色を変えて "Hello" と4つ描画しています。

④の textbox メソッドは、指定された矩形の中に文字を描画します。for 文を使って、画面右にある縦に並んでいる矩形の中の文字を描画しています。

Pygame Zero でのテキスト描画の詳細については、 図9 の URL を参照してください。

図9 Pygame Zeroのテキストの書式整形に関するサイト

https://pygame-zero.readthedocs.io/ja/latest/ptext.html

イベントの処理

THEME
テーマ

Pygame Zeroではプログラムがはじまってから終了するまで、再描画、マウス、キーボード、タイマーなど、いろいろな事象が発生します。これらの事象のことを「イベント」と呼びます。ここでは、イベントを処理する方法について見ていきましょう。

描画イベント

drawは画面の再描画が必要なときに呼び出されます。実際に画面に描画する内容はこの関数の中に記述します。

updateは一定間隔で定期的に呼び出されます。デフォルトでは1秒間に60回実行されます。

図1 はdraw、updateを使用したサンプルです。

図1 event1.py

```
import pgzrun
WIDTH, HEIGHT = 250, 150

count = 0

def draw():    ①
    screen.clear()
    screen.draw.text(f"count={count}", (50,50),
        color=(255,255,255), fontsize=50)

def update():    ②
    global count
    count += 1

pgzrun.go()
```

①のdrawは、countの値を描画するだけです。

②のupdateは、countの値を「1」増やすだけです。

慣れないうちはdrawとupdateの使い分けに混乱するかもしれませんが、描画はdraw、その他の処理はupdateと考えるとよいでしょう。

> **memo**
> 「変数 += 1」とすると、変数が元の数値から1を足した値になります。「変数 -= 1」とすると、1を引いた数値になります。2の場合も同様に、元の数値から2を足し引きした数値になります。

■ キーボードイベント

キーが押下されたことを検出するには、on_key_down関数と on_key_up関数を定義します 図2 。

図2 event2.py

```python
import pgzrun
WIDTH, HEIGHT = 450, 150

status = ""

def draw():
    # 画面をクリアしてキーの押下状態を描画
    screen.clear()
    screen.draw.text(f"{status}", (50,50), color=(255,255,255), fontsize=50)

def on_key_down(key):    ①
    # キー押下時に status を更新
    global status
    status = f"on_key_down({key})"

def on_key_up(key):    ②
    # キーを放したときに status を更新
    global status
    status = f"on_key_up({key})"

pgzrun.go()
```

キーが押下されると①のon_key_downが、放したときには②の on_key_upがPygame Zeroによって自動的に呼び出されます。引数のkeyにはキーの番号が数値として渡されます。

このようにon_key_down、on_key_up関数を定義しておき、キーが押下されたときに関数を呼び出してもらうのは、電話の着信を待っているような"受動的"な処理と考えることができます。

一方、"能動的"にキーの押下状態を検出することも可能です。詳しくは『Actor（画像）の処理』 で説明します。

204ページ参照

マウスイベント

マウスの押下、リリース、移動を検出するには、それぞれon_mouse_down、on_mouse_up、on_mouse_move関数を定義します 図3 。

図3 event3.py

```python
import pgzrun
WIDTH, HEIGHT = 550, 150

status = ""

def draw():
    # 画面をクリアしてマウスの状態を描画
    screen.clear()
    screen.draw.text(f"{status}", (50,50), color=(255,255,255), fontsize=50)

def on_mouse_down(pos):    ①
    # マウス押下時にstatusを更新
    global status
    status = f"on_mouse_down({pos})"
def on_mouse_move(pos):    ②
    # マウス移動時にstatusを更新
    global status
    status = f"on_mouse_move({pos})"
def on_mouse_up(pos):    ③
    # マウスリリース時にstatusを更新
    global status
    status - f"on_mouse_up({pos})"

pgzrun.go()
```

マウスが押されたら①のon_mouse_downが、マウスが移動したら②のon_mouse_moveが、マウスが放されたら③のon_mouse_upが呼び出されます。

それぞれ、マウスの座標がタプルの形式（X座標，Y座標）で引数に渡されます。

Actor（画像）の処理

Lesson 5
45 min

THEME テーマ

ゲームを作るときに欠かせないのが画像です。ゲーム中に登場するキャラクターや背景などに画像を使用することが多いでしょう。そのような用途のためにActorクラスが用意されています。

Actorを使った画像の描画

　Pygame Zeroで画像を表示する場合、実行ファイルがある場所に「images」というフォルダを作成して、その中に画像ファイルを格納します。画像ファイルの名前はすべて小文字で指定する必要があることに注意してください。

　まずは、画像を表示するだけのサンプルです 図1 。500×400のウィンドウの中心にキャラクターが表示されます 図2 。

図1 actor1.py

```python
import pgzrun
WIDTH, HEIGHT = 500, 400

alien = Actor("alienpink", center=(250,200))

def draw():
    screen.clear()
    alien.draw()

pgzrun.go()
```

> **memo**
> alienpink等、本章で使用している画像ファイルは、ダウンロードデータのLesson5フォルダ内に収録しています。

図2 実行結果(actor1.py)

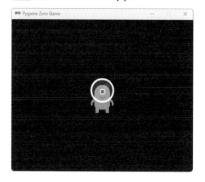

キャラクターを移動するには、そのx,yプロパティを更新します。 図3 は上下左右キーでキャラクターを移動するサンプルです。

Lesson 5 ゲームを作成する

図3 actor2.py

```
import pgzrun
WIDTH, HEIGHT = 500, 400

alien = Actor("alienpink", center=(250,200))

def draw():
    screen.clear()
    alien.draw()

def on_key_down(key):    ①
    if key == keys.UP:
        alien.y -= 2
    if key == keys.DOWN:
        alien.y += 2
    if key == keys.LEFT:
        alien.x -= 2
    if key == keys.RIGHT:
        alien.x += 2

pgzrun.go()
```

実行するとわかりますが、キーを押しても少ししか移動しません。①のon_key_down関数は、キーを1回押す度に1回だけしか呼び出されないためです。

スムーズに移動させたい場合は、図4 のようにupdate関数の中でキーの押下判定を行います。

図4 actor3.py

```
import pgzrun
WIDTH, HEIGHT = 500, 400

alien = Actor("alienpink", center=(250,200))

def draw():
    screen.clear()
    alien.draw()

def update():    ①
    if keyboard.UP:
        alien.y -= 2
    if keyboard.DOWN:
```

```
        alien.y += 2
    if keyboard.LEFT:
        alien.x -= 2
    if keyboard.RIGHT:
        alien.x += 2

pgzrun.go()
```

①のupdate関数は、1秒間に60回呼び出されます。その都度、どのキーボードが押下されているか判定を行ってキャラクターを移動させているため、移動がスムーズになります。

衝突判定

キャラクターが衝突したときに何か処理を行う、そんなケースは少なくありません。Actorクラスには衝突判定用のメソッド 図5 が用意されているので簡単に実装できます。

図5 衝突判定用のメソッド

メソッド	説明
colliderect(Actor)	別の Actor オブジェクト衝突している場合 True を返す
collidepoint((x,y))	引数の座標が Actor に含まれている場合 True を返す

図6 は他のキャラクターとの衝突を検出するサンプルです。

図6 actor4.py

```
import pgzrun
from random import randint
WIDTH, HEIGHT = 500, 400

alien = Actor("alienpink", center=(250,200))
bat = Actor("bat")

def draw():
    screen.clear()
    alien.draw()
    bat.draw()

def update():
    # キー押下に応じて移動
```

```
    if keyboard.UP:      ①
        alien.y -= 2
    if keyboard.DOWN:
        alien.y += 2
    if keyboard.LEFT:
        alien.x -= 2
    if keyboard.RIGHT:
        alien.x += 2

    # 衝突時は移動
    if alien.colliderect(bat):    ②
        bat.x = randint(0, WIDTH)
        bat.y = randint(0, HEIGHT)

pgzrun.go()
```

①からのif文でキーが押されているか検出し、その結果に応じて上下左右キーでキャラクターを移動します。

②で衝突判定を行っています。コウモリにぶつかると、コウモリはランダムな場所に移動します 図7 。

図7 実行結果(actor4.py)

回転

Actorは回転することも可能です。回転角は元の状態を0°とし、1回転が360°、反時計回りで指定します 図8 。

図8 回転の角度

図9 actor5.py

```python
import pgzrun
WIDTH, HEIGHT = 500, 400

alien = Actor("alienpink", center=(250,200))

def draw():
    # 背景をクリアして alien を描画
    screen.clear()
    alien.draw()

def update():
    # キー押下に応じて alien を回転
    if keyboard.RIGHT:
        alien.angle -= 2
    if keyboard.LEFT:
        alien.angle += 2

def on_mouse_move(pos):
    # マウスの向きに alien を回転
    alien.angle = alien.angle_to(pos)    ①

pgzrun.go()
```

図10 は実行時の様子です。左矢印で反時計回り、右矢印で時計回りに回転します。

図10 実行結果(actor5.py)

マウスを動かしても回転します。これは①において、マウス移動時にActorのangle_toメソッド 図11 を呼び出して、引数posへの方向を求め、その値を自身のangleプロパティに代入しているためです。

図11 マウスを動かして回転させる

メソッド	説明
Actor.angle_to(pos)	pos 座標への回転角を返す

　実際に実行すると、「マウスの方向へ頭が向かない」と違和感を覚えるかもしれません。これは元の画像が上向き（0°の状態で上を向いている）のためです。マウスのほうへ頭が向くようにするには **図12** のように修正します。

図12 actor6.py（修正部分）

```
def on_mouse_move(pos):
  alien.angle = alien.angle_to(pos)-90
```

アニメーション

　Actor の x, y を明示的に設定して座標を更新することもできますが、アニメーション関数 **図13** を使用するとキャラクターを目的地までスムーズに移動できます。

図13 アニメーション関数

関数	説明
animate(actor, pos=(x, y))	対象となる Actor オブジェクトの移動先の座標を x, y で指定。オプションで秒数とアニメーションの種類を指定できる
引数	説明
duration	何秒かけて移動するか（秒数）
tween	アニメーションの種類 liner, accelerate, decelerate, accel_decel, in_elastic, out_elastic, in_out_elastic, bounce_end, bounce_start, bounce_end_start のどれかを指定する

　アニメーションの効果（種類）は紙面では説明しづらいのでサンプルを作成してみました。**図14** の「animation1.py」を実行してください。

図14 animation1.py

```python
import pgzrun
WIDTH, HEIGHT = 500, 400

alien = Actor("alienpink", center=(0,200))

#  アニメーションの種類のリスト
tweens = ["linear", "accelerate", "decelerate", "accel_decel", "in_elastic",   ①
    "out_elastic", "in_out_elastic", "bounce_end", "bounce_start", "bounce_start_end"]

def draw():
    #  背景をクリアし、アニメーションの名前を text で描画
    screen.clear()
    for i, t in enumerate(tweens):   ②
        screen.draw.text(t, ((i%5)*100, (i//5)*30), fontsize=20)
    alien.draw()

def animation_end():   ③
    #  アニメーション終了時に alien を元の場所に戻す
    alien.x, alien.y = 0, 200

def on_mouse_down(pos):
    #  クリックされた場所にあるアニメーションを適用
    x = min(pos[0] // 100, 4)
    y = min(pos[1] // 30, 1)
    t = tweens[y * 5 + x]
    animate(alien, pos=(450, 200), tween=t, duration=2, on_finished=animation_end)   ④

pgzrun.go()
```

　画面上部の文字をクリックすると、そのアニメーションの種類
が適用された状態でキャラクターが左から右へ移動します。

図15 実行結果(animation1.py)

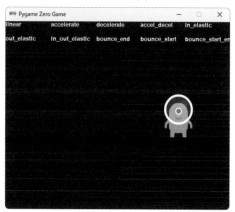

アニメーションは10種類あります。この例では、アニメーションの種類を①のリストtweensで管理しています。

draw関数では、②のfor文を使ってリストの文字を描画しています。(i%5)で列、(i//5)で行の座標を計算しています。

マウスがクリックされるとon_mouse_down関数が呼び出されます。引数posにはクリック座標が格納されているので、その値からどの文字がクリックされたかを求め、④のanimate関数を実行しています。

アニメーションの種類はtween引数で指定します。アニメーションが終了すると、on_finishedで指定した関数が呼び出されます。この例では③のanimation_end関数を呼び出して、キャラクターを元の座標に戻しています。

 POINT

i%5については、%は余りを求める演算子なので (33ページ参照)、iを5で割った余りとなります。この場合、iが6のときは1、iが7のときは2です。
i//5は//で商を求めているので、iが5未満のときは0、5〜9のときは1です。

memo

tweenと はbetweenやinbetweeningに由来する単語で、アニメーションの変化の様子を示すときに使用されます。

Lesson 5 ゲームを作成する

サンプルゲームの紹介

Lesson 5

05

180 min

THEME
テーマ

ここでは実際にゲームのサンプルをいくつかご紹介します。サンプルを見ているとパターンが見えてくると思います。ぜひ自分でもいろいろなオリジナルゲームを作ってみてください。

こうもりキャッチ

こうもりキャッチは、時間内にコウモリをクリックしてスコアを増やしていくシンプルなゲームです。まず、作り方を順を追って解説しますので、おおまかな作り方とポイントを学びましょう 図1 。

図1 こうもりキャッチゲーム

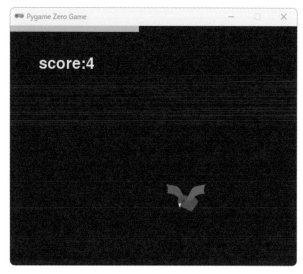

インポートとウィンドウサイズの決定

まずは必要なモジュールをインポートし、ウィンドウサイズを決定します 図2 。

図2 tiny-bat.py（先頭部分）

```
import pgzrun
from random import randint
WIDTH, HEIGHT = 500, 400
```

　ここでは、pgzrunと乱数用のrandomをインポートし、ウィンドウサイズを幅500ピクセル、高さ400ピクセルに設定しました。

基本画面の作成

　次に、メインキャラクターとスコア、残り時間のタイムバーなどの基本的な画面設計を行います **図3**。

図3 tiny-bat.py（画面設計部分）

```
bat = Actor("bat", center=(250,200))
score = 0
time = WIDTH

def draw():   ①
    screen.clear()
    screen.draw.filled_rect(Rect(0,0,time,10), (0,255,0))   ②
    screen.draw.text(f"score:{score}", (50,50), color=(255,255,0), fontsize=40)
    if time < 0:   ③
        screen.draw.text("GAME OVER", (120,200), color=(255,255,0), fontsize=60)
    bat.draw()
```

　①のdraw( )メソッドでは、画面をクリアし、背景を黒にして、残り時間の矩形とスコアを描画しています。②が残り時間の矩形です。最初にtimeをWIDTH（画面幅）に設定し、後述の処理でtimeを減らしていきます。その時点での残り時間を矩形の幅に設定することで、タイムゲージを表現しています。③でtimeが0未満になるとGAME OVERと表示します。最後にbat.draw( )でコウモリを描画しています。

残り時間を減らす

　こうもりキャッチゲームには制限時間があります。残り時間を減らすには次のように記述します **図4**。

図4 tiny-bat.py（残り時間の計算部分）

```
def update():
    global time
    time -= 0.5   ④
```

update関数は1秒間に60回実行されます。④で実行ごとにtimeは-0.5を減らしているため、1秒でtimeが30が減ることになります。timeにはWIDTH、すなわち500が初期値として代入されているため、1秒後はtimeが470に減り、17秒弱で残り時間が0になります。

アニメーションと終了

コウモリの移動にはアニメーションを使用しています。animate関数でランダムな位置へ移動しています。図5 がこうもりのアニメーションに利用する、終了時のコールバックです。

図5 tiny-bat.py (アニメーション部分)

```
def animation_end():
    if time > 0:   ⑤
        animate(bat, pos=(randint(0,WIDTH), randint(0,HEIGHT)),
            on_finished=animation_end)
- 略 -
animate(bat, pos=(randint(0,WIDTH), randint(0,HEIGHT)),
        on_finished=animation_end)
```

⑤で残り時間がある場合は次の場所へ移動するためanimate関数を呼び出しています。timeが0以下になったら呼び出しが終わります。

クリック成功時のポイント加算

こうもりをクリックできたときのポイント加算です。on_mouse_downでマウス押下時のコールバックを利用します図6。

図6 tiny-bat.py (ポイント計算部分)

```
def on_mouse_down(pos):
    global score
    if time > 0 and bat.collidepoint(pos):   ⑥
        score += 1
```

⑥でtimeが0より大きく、マウスの座標がコウモリに含まれていたらscoreを増やしています。

これでゲームが完成です。とても簡単に作れることが実感できたかと思います。全体のコードは図7になります。

図7 tiny-bat.py（全体）

```python
import pgzrun
from random import randint
WIDTH, HEIGHT = 500, 400

bat = Actor("bat", center=(250,200))
score = 0
time = WIDTH

def draw():
    screen.clear()

    # 残り時間のタイムゲージとスコアを描画
    screen.draw.filled_rect(Rect(0,0,time,10), (0,255,0))
    screen.draw.text(f"score:{score}", (50,50), color=(255,255,0), fontsize=40)

    # 時間切れになったらゲームオーバーに
    if time < 0:
        screen.draw.text("GAME OVER", (120,200), color=(255,255,0), fontsize=60)
    bat.draw()

def update():
    # 残り時間を徐々に減らす
    global time
    time -= 0.5

def animation_end():
    # アニメーション終了時に、次の場所へ移動
    if time > 0:
        animate(bat, pos=(randint(0,WIDTH), randint(0,HEIGHT)),
            on_finished=animation_end)

def on_mouse_down(pos):
    global score
    if time > 0 and bat.collidepoint(pos):
        score += 1

# 最初の移動
animate(bat, pos=(randint(0,WIDTH), randint(0,HEIGHT)),
        on_finished=animation_end)

pgzrun.go()
```

ジャンプ

　以降のサンプルゲームについては、ポイントになる部分を中心に説明していきます。ジャンプは、横スクロールゲームのサンプルです 図8 。キーの押下、マウスのクリックでジャンプします。敵をよけながらできるだけ長い距離を進んでください。

図8 ジャンプゲーム

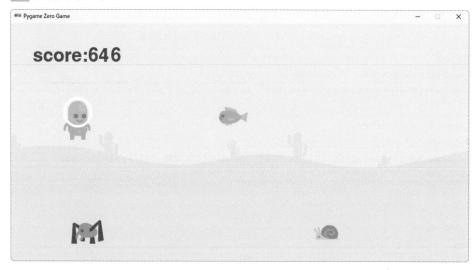

　ソースコードは 図9 となります。

図9 tiny-jump.py

```
import pgzrun
from random import randint
WIDTH, HEIGHT = 1024, 512
back = Actor("bg")
score = 0
gameOver = False

# パラパラアニメーション用の Actor クラス
class AnimateActor(Actor):    ①
    def __init__(self, images, pos, speed):
        # 親クラスを初期化
        super().__init__(images[0], center=pos)
        self.images = images    ②
        self.index = 0    ③
        self.speed = speed    ④

    def move(self):    ⑤
        # 次の絵に切り替えて移動
```

```
            self.index = (self.index + 1) % len(self.images)
            self.image = self.images[self.index]
            self.x += self.speed[0]
            self.y += self.speed[1]

# アニメーションの画像リスト
images = [f"p1_walk/p1_walk{i:02}" for i in range(1, 12)]

# alien オブジェクトの作成
alien = AnimateActor(images, pos=(150, 450), speed=[0, 0])   ⑥

# 敵のオブジェクトのリスト
enemies = [  ⑦
    AnimateActor(["fish1", "fish2"], pos=[1300, 200], speed=[-5, 0]),
    AnimateActor(["snail1", "snail2"], pos=[800, 450], speed=[-2, 0]),
    AnimateActor(["spider1", "spider2"], pos=[1500, 450], speed=[-4, 0]),
    AnimateActor(["fly1", "fly2"], pos=[1200, 300], speed=[-8, 0]),
]

def draw():  ⑧
    # 背景、alien、敵などの描画
    back.draw()
    alien.draw()
    for e in enemies:
        e.draw()
    screen.draw.text(f"score:{score}", (50, 50),
                     color=(0, 0, 255), fontsize=60)
    if gameOver:  ⑨
        screen.draw.text("GAME OVER", (250, 200),
                         color=(0, 0, 255), fontsize=120)

def update():  ⑩
    global score, gameOver
    if gameOver:  ⑪
        return

    score += 1
    # それぞれの敵を移動し、衝突判定
    for e in enemies:  ⑫
        e.move()
        if e. x < 0:  ⑬
            e.x = WIDTH + randint(0, 300)
        if e.colliderect(alien):  ⑭
            gameOver = True

    alien.move()
    # 重力加速度を加える
    alien.speed[1] += 0.2  ⑮
```

217

```
    # 床についた時の処理
    if alien.y > 450:
        alien.speed[1] = 0
        alien.y = 450

    # 背景スクロール
    back.x -= 1    ⑯
    if back.x < 0:
        back.x = 1024

def jump():    ⑰
    if alien.y >= 450:
        alien.speed[1] = -12

def on_mouse_down(pos):
    jump()

def on_key_down(key):
    jump()

pgzrun.go()
```

　アニメーションのように画像を切り替えて表示するように、
AnimateActor クラス 図10 を実装しました。Actor クラスを継承し
ているため、Actor の機能はすべて使用できます。

図10 **AnimateActorクラス** ①

プロパティ	説明
images	画像のリスト ②
index	何枚目の画像を表示するか ③
speed	移動する速度（x, y）④
メソッド	説明
move	画像を切り替えながら speed 分移動する ⑤

　使用した主な関数は以下の通りです。

● **グローバルコード**

　⑥で主人公（alien）を作成します。敵は、AnimateActor オブジェ
クトを含む enemies リスト⑦として管理しています。

> **WORD** **グローバルコード**
>
> Pythonでは関数を組み合わせてプログ
> ラムを実装していきますが、関数の外
> に記述された命令を「グローバルコー
> ド」と呼びます。グローバルコードは最
> 初に1回だけ実行されます。

draw ⑧

　背景と主人公、敵、スコアを描画します。⑨でゲームオーバー時には「GAME OVER」と描画します。

update ⑩

　gameOverがTrueのときは、⑪ですぐにreturnします。⑫のfor文で敵を取り出して移動させます。⑬で、画面の左外に出た場合には、x座標を更新して画面右外に移動します。⑭で、主人公alienと衝突したら、gameOverをTrueにしています。

　主人公をmoveで移動しますが、落下方向の加速度を加えるために、⑮でspeed[1]を「0.2」増やしています。y座標が450を超えたらy方向のスピードを0にしています。最後に⑯で背景画像をスクロールしています。

jump ⑰

　ジャンプするよう、主人公のy方向の速度に−12を設定しています。

ブロック崩し

　ボールを反射させてブロックを崩していくゲームです 図11 。

図11　ブロック崩しゲーム

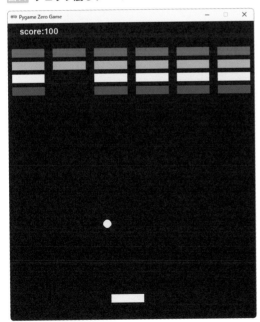

ソースコードは 図12 となります。

図12 **tiny-blocks.py**

```python
import pgzrun
from math import radians, sin, cos
from random import randrange
WIDTH, HEIGHT = 600, 700

# ブロッククラス
class Block(Rect):          ①
    def __init__(self, x, y, c, p):
        super().__init__(x, y, 80, 20)
        self.color = c      ②
        self.point = p      ③
        self.erase = False  ④

score = 0
ball = [300, 200]
angle = randrange(90-45, 90+45)
speed = 5
cols = ["red", "orange", "yellow", "blue"]
paddle = Block(300, 650, "yellow", 0)   ⑤

# ブロックを配置
blocks = []
for i, y in enumerate(range(4)):    ⑥
    for x in range(6):
        blocks.append(Block(x*100+10, y*30+60, cols[i], (5-i)*20))

def draw():     ⑦
    # 背景クリア、スコアとパドルの描画
    screen.clear()
    screen.draw.text(f"score:{score}", (30, 10), fontsize=30, color="yellow")
    screen.draw.filled_rect(paddle, paddle.color)

    # ブロックの描画
    for b in blocks:    ⑧
        screen.draw.filled_rect(b, b.color)
    if len(blocks) == 0:    ⑨
        screen.draw.text("CLEAR!!!", (160, 300), fontsize=100, color="yellow")
        return
    if ball[1] > HEIGHT:    ⑩
        screen.draw.text("Game Over!!!", (160, 300), fontsize=70, color="yellow")

    # ボールの描画
    screen.draw.filled_circle(ball, 10, color="yellow")
```

```
def update():   ⑪
    global angle, blocks, score, speed
    # 角度とスピードからx軸、y軸の移動量を計算
    ball[0] += speed * cos(radians(angle))   ⑫
    ball[1] += speed * sin(radians(angle))
    if ball[0] < 0 or ball[0] > WIDTH:   ⑬
        angle = 180 - angle
    if ball[1] < 0:   ⑭
        angle = -angle
        speed = 10

    # パドルとボールの衝突判定
    if paddle.collidepoint(ball):   ⑮
        r = (ball[0] - paddle.center[0]) / paddle.width   # r = -0.5 ~ +0.5
        angle = -90 + 60 * r

    # ブロックとボールの衝突判定
    for b in blocks:   ⑯
        if b.collidepoint(ball):
            b.erase = True
            score += b.point
            angle = -angle
            break

    blocks = [b for b in blocks if not b.erase]

def on_mouse_move(pos):
    paddle.center = (pos[0], 650)

pgzrun.go()
```

　ブロックとパドルを管理するために、Rectクラスを継承した
Blockクラス 図13 を定義しました。色、スコアに加算する点数、
画面から消えたかどうかというプロパティを追加しています。

図13 Blockクラス ①

プロパティ	説明
color	ブロックの色 ②
point	壊したときに加算する点数 ③
erase	画面から消えるか否か ④

　使用した主な関数は以下の通りです。

●グローバルコード

　ブロックはBlockオブジェクトとして実装しています。パドルもBlockオブジェクトです。⑤で作成して、グローバル変数paddleに代入しています。⑥では2重forループを使ってブロックを作成し、リストblocksに追加しています。

●draw ⑦

　画面をクリアし、スコアとパドルを描画します。⑧のfor文でブロックを取り出し描画します。⑨では、blocksが空になったらCLEAR、⑩では、ボールのY座標がHEIGHTを超えるとGame Overのメッセージを表示します。最後にボールを描画しています。

●update ⑪

　⑫では、ボールの進行方向（angle）、速度（speed）から、三角関数のcos、sinを使用してx方向とy方向の移動量を計算し、ボールを移動します。⑬は、左右の壁に衝突したときの判定です。「180 − angle」という式で反射角を更新します。⑭は上の壁に衝突したときの処理です。角度の符号を−1倍して反射しています。

　⑮はパドルに衝突したときの処理です。パドルの中心からどの程度の割合で離れているか（−0.5から+0.5）計算し、それに応じて反射角を調整しています。

　⑯ではfor文でブロックを取り出し、ボールと衝突しているか判定し、衝突したときはeraseプロパティをTrueに変更し、スコアを加算し、ボールの角度（angle）を反転させて向きを変えています。最後にリスト内包表記を使用して、eraseがTrueになっているブロックを削除しています。

Fruits Cutter

　飛び出してくるフルーツをマウスで切るゲームです 図14 。爆弾を切ってしまうとスコアが0にリセットされてしまうので注意してください。

図14 Fruits Cutterゲーム

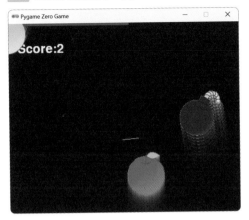

ソースコードは **図15** となります。

図15 tiny-fruits.py

```python
import pgzrun
from random import randint

WIDTH = 500
HEIGHT = 400

# フルーツクラス
class Fruit(Actor):          ①
    def __init__(self, file, bomb):
        super().__init__(file)
        self.bomb = bomb     ②
        self.setup()

    def setup(self):         ③
        # オブジェクトの初期化・リセット
        self.x = randint(50,WIDTH-100)   ④
        self.y = HEIGHT
        self.sx = randint(-2, 2)         ⑤
        self.sy = randint(-10, -5)
        self.time = frameCount + randint(0,100)   ⑥

    def move(self):          ⑦
        self.x += self.sx
        self.y += self.sy
        self.sy += 0.1

fruits = []
mouse, pmouse = None, None
score = 0
```

223

```
frameCount = 0
flash = False
timeUp = False
isDown = False

# フルーツを作成してリストに追加
for i in range(3):   ⑧
    fruits.append(Fruit(f"fruit{i}", i == 0))

def draw():
    global flash
    # タイムゲージとスコアの描画
    screen.draw.filled_rect(Rect((0,0), (frameCount/2, 5)), (0,0,255))   ⑨
    screen.draw.text(f"Score:{score}", (20,40), color="yellow", fontsize=40)

    if timeUp:   ⑩
        # 時間切れ
        screen.draw.text(f"Time UP", (200,200), color="yellow", fontsize=40)
        return

    for f in fruits:   ⑪
        # フルーツの移動と描画
        if f.time < frameCount:
            f.move()
            f.draw()

        if f.y > HEIGHT * 2:   ⑫
            f.setup()

    if flash:   ⑬
        # 画面点滅時の描画
        screen.draw.filled_rect(Rect((0,0), (WIDTH, HEIGHT)), (255,255,0))
        flash = False

    if mouse and pmouse:
        # マウスの軌跡の描画
        screen.draw.line(pmouse, mouse, (255,255,255))

def update():   ⑭
    global frameCount, timeUp
    frameCount += 1
    timeUp = frameCount/2 > WIDTH
    screen.blit("black500x400",(0,0))   ⑮

def on_mouse_down(pos):
    global isDown, pmouse, mouse
    isDown, pmouse, mouse = True, pos, pos
```

```
def on_mouse_up():
    global isDown, pmouse, mouse
    isDown, pmouse, mouse = False, None, None

def on_mouse_move(pos):
    global score, pmouse, mouse, flash
    if isDown:
        # マウス押下状態
        pmouse = mouse
        mouse = pos
        for f in fruits:
            if f.collidepoint(pos):
                # フルーツとマウスの衝突処理
                if f.bomb:
                    score = 0
                    flash = True
                else:
                    score += 1
                f.setup()

pgzrun.go()
```

　フルーツと爆弾を管理するためにActorクラスを継承したFruit
クラス 図16 を定義しました。爆弾か否かをbombプロパティで、
座標をxとyプロパティで、速度をsxとsyプロパティで、投げる
時刻をtimeプロパティで管理しています。

図16 Fruitクラス ①

プロパティ	説明
bomb	爆弾か否か ②
x,y	座標 ④
sx,sy	速度 ⑤
time	投げる時刻 ⑥
メソッド	説明
setup	位置・座標・投げる時刻を初期化する ③
move	座標を更新し、y方向の加速度を増やす ⑦

　使用した主な関数は以下の通りです。

グローバルコード

⑧では、個々のフルーツをFruitオブジェクトとして作成し、リストfruitsに追加します。

draw

⑨では、残り時間とスコアを画面上部に描画します。⑩では、時間切れのときにTime UPと描画してreturnします。⑪では、fruitsリストから個々のFruitオブジェクトを取り出し、投げる時刻を過ぎていたらmoveメソッドで移動し、drawメソッドで描画します。

⑫では、落下して画面の下を過ぎたら、次に投げる時刻を設定しています。⑬では、flashフラグがTrueのときは画面を黄色で塗りつぶし、画面が点滅する効果を演出しています。

update ⑭

frameCount変数を更新し、時間切れかどうかのフラグをセットします。⑮では、残像の効果を表現するため半透明の黒色の画像を描画しています。

on_mouse_down, on_mouse_up

マウスの押下、リリースに応じて変数を更新します。

on_mouse_move

マウスが押下されているときフルーツと座標が交差しているか調べます。衝突対象が爆弾のときはスコアを0にして、flashフラグをTrueにします。

> **memo**
> サンプルフォルダにインベーダーのゲームも格納しています。ダウンロードして実行してみてください。

Webスクレイピング
に挑戦！

Web上には膨大な情報が溢れていますが、その情報を記述しているのがHTMLファイルです。このLessonでは、インターネットのHTMLファイルから必要な情報を取り出して活用するためのWebスクレイピングについて学んでいきます。

準備 基本 応用 発展

Lesson 6 01

Webスクレイピングの
概要と環境設定

THEME テーマ まずは、Webスクレイピングとはいったいどんなものなのかを解説し、続いて、それを行うための環境設定やモジュールのインストールについて説明します。

Webスクレイピングとは

Webサイトを自動で巡回し、データを収集することを「クローリング」、また、その収集したデータから必要な情報を抽出することを「スクレイピング」といいます。例えば、Googleなどの検索エンジンは、Webを巡回（クローリング）し、HTMLファイルから必要な情報を抽出（スクレイピング）して独自のデータベースに登録しています。

クローリング＆スクレイピングを行うプログラムのことを、「Webスパイダー」あるいは「Webクローラー」などと呼びます。スパイダーを利用することで、手作業でWebを巡回するのに比べて大量情報を高速に集め、効率的にデータを解析することが可能になります。

Webスクレイピングの応用分野は多岐に渡ります。例えば、ビジネスの分野では、新製品情報の収集や、口コミサイトの情報の分析など、さまざまな目的で使用されています 図1 。また、流行りのAIによって質問に答えてくれる **ChatGPT** も、日夜Webのデータを収集して学習を進めています。

WORD ChatGPT
OpenAIが2022年11月に公開した機械学習によるチャットボット。

図1 Webスクレイピング

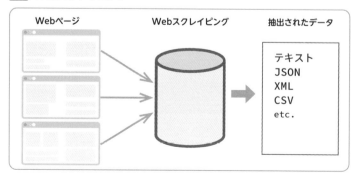

Webスクレイピング・フレームワーク「Scrapy」

　Pythonにはクローリング、スクレイピングを行うためのさまざまなモジュールが存在しますが、本稿では、Webページの取得からデータの抽出、保存までをサポートするPythonフレームワークである、Scrapy（スクラピー）を紹介します 図2。

　Scrapyは、柔軟な処理が可能で、かつ、面倒な部分を肩代わりしてくれるため、コードの記述も他のモジュールに比べて格段に少なくて済みます。

WORD　フレームワーク

フレームワークは、プログラム開発を効率化するためにさまざまな機能をまとめて提供するシステム。

図2 Scrapyのオフィシャルサイト

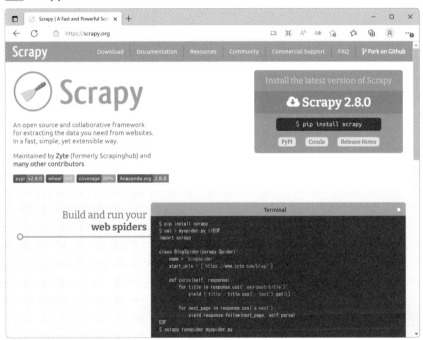

https://scrapy.org

Anacondaディストリビューションについて

　残念ながら、ScrapyはPython本体のバージョンや他のモジュールに神経質な面があり、インストールにはAnacondaのような仮想環境を提供するディストリビューションを使用する方法が強く推奨されています。

　Anacondaは、Python本体に加えて、特にデータサイエンスに有益なさまざまなパッケージが追加されたディストリビューションです。1,000以上の便利なパッケージが利用できるだけでなく、

WORD　仮想環境

Pythonの仮想環境とは、用途に応じた実行環境を提供する機能。必要に応じて切り替えて使用できる。

WORD　ディストリビューション

ディストリビューションとはPython本体に加えてさまざまなモジュールやツール類をまとめた配布形態。

Anacondaの管理ツールである「Anaconda Navigator」、統合開発環境「Spyder」などのツール類、さらにはエディタとして「VS Code」が標準で搭載され、効率的に開発が進められます。

　ここでは、AnacondaをベースにしたScrapyの利用方法を説明します。

Anacondaのインストール

　Anacondaは、オフィシャルサイト 図3 からダウンロード可能です。

図3 Anacondaのオフィシャルサイト

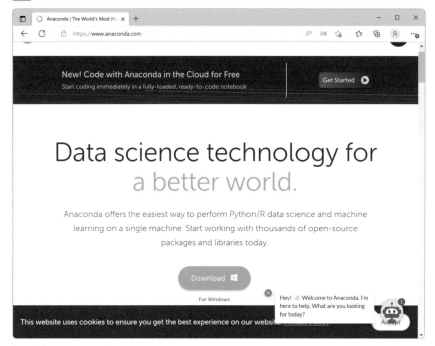

https://www.anaconda.com

　オフィシャルサイトのメインページでは、実行中のOSに応じた「Download」ボタンが表示されるので、クリックしてダウンロードし、インストールを行います 図4（設定は通常デフォルトのままでかまいません）。

図4 Anaconda3のインストール画面

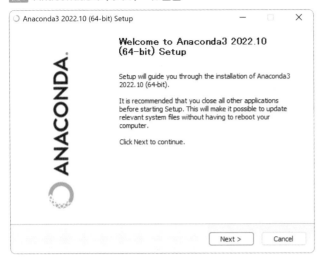

Anaconda Navigator

　Anacondaには管理ツールである「Anaconda Navigator」が用意されています。Windowsの場合には「スタート」メニューの「Anaconda Navigator」から、Macの場合には「アプリケーション」フォルダの「Anaconda-Navigator」から起動します。

　「Home」画面ではさまざまなツールを起動できます 図5 。また、「Environments」画面では仮想環境の管理、パッケージのインストール、アップデートなどが行えます。

図5 Anaconda Navigatorの「Home」画面

Windowsで仮想環境用のターミナルを開く

Anaconda Navigatorの「Home」画面で、「Powershell Prompt」の「Launch」ボタンをクリックすると、Windowsのターミナルである PowerShellが、AnacondaのConda環境（仮想環境）が有効になった状態で起動します 図6 。

図6 PowerShellが起動する

プロンプトの先頭に「(base)」と表示されていますが、これはデフォルトのConda環境「base」が有効になった状態であることを示しています。

Macで仮想環境用のターミナルを開く

Macの場合、標準の「ターミナル」アプリを開くと自動的にデフォルトのConda環境「base」が有効になり、プロンプトの先頭に「(base)」と表示されます 図7 。

図7 ターミナルを開く

condaコマンドについて

Conda環境が有効になっている場合、Python本体やパッケージはAnacondaのものが使用されます。また、Anacondaには管理コマンドとしてcondaが用意されています。パッケージのインストールや削除も、pip（もしくはpip3）コマンドを使用せずにcondaコマンド 図8 で行います。

図8　condaの基本コマンド

コマンド	説明
conda install ＜パッケージ＞	パッケージをインストールする。「tensorflow=2.0」のように「パッケージ名＝バージョン」の形式で実行すると指定したバージョンのパッケージをインストールできる
conda activate ＜Conda 環境名＞	Conda 環境を有効にする。Conda 環境名を指定しない場合には「base」が対象になる
conda deactivate	Conda 環境を無効にする
conda create -name ＜Conda 環境名＞ python=＜バージョン＞	Python のバージョンを指定して Conda 環境を作成する
conda search ＜パッケージ名＞	パッケージを検索する
conda list	インストールされているパッケージの一覧を表示する
conda info	Conda 環境の情報を表示する

　試しにConda環境のターミナルで「conda deactivate Enter 」と実行してみましょう 図9 。プロンプトの先頭の「(base)」が消え Conda環境が無効になります。

図9　Conda環境を無効にする

```
(base) PS C:\Users\makot> conda deactivate Enter
PS C:\Users\makot>　　←プロンプトの先頭から「(base)」が消える
```

「conda activate Enter 」と実行すると 図10 、Conda 環境「base」が有効になります。

図10　Conda環境を有効にする

```
PS C:\Users\makot> conda activate Enter
(base) PS C:\Users\makot>　　←プロンプトの先頭に「(base)」が表示される
```

　Conda環境が有効になっている状態では、Python本体やモジュール類は Anaconda のものが使用されます。

> **memo**
> ターミナル起動時のConda環境の有効/無効の切り替えは、次のコマンドで行えます。
>
> ・自動起動を有効にする
> conda config --set auto_activate_base true
>
> ・自動起動を無効にする
> conda config --set auto_activate_base false

Scrapyのインストール

それではConda環境にScrapyをインストールしましょう。まず「conda search scrapy」を使ってScrapyパッケージを検索します 図11。

図11 Scrapyパッケージを検索

```
> conda search scrapy Enter
Loading channels: done
# Name                     Version           Build  Channel
scrapy                       1.4.0  py27haebbfa7_1  pkgs/main
scrapy                       1.4.0  py35h34360f5_1  pkgs/main
scrapy                       1.4.0  py36h04ddb06_1  pkgs/main
scrapy                       1.5.0         py27_0  pkgs/main
scrapy                       1.5.0         py35_0  pkgs/main
scrapy                       1.5.0         py36_0  pkgs/main
scrapy                       1.5.0         py37_0  pkgs/main

…略…

scrapy                       2.6.1  py39hecd8cb5_0  pkgs/main
scrapy                       2.6.2 py310hecd8cb5_0  pkgs/main
scrapy                       2.6.2  py37hecd8cb5_0  pkgs/main
scrapy                       2.6.2  py38hecd8cb5_0  pkgs/main
scrapy                       2.6.2  py39hecd8cb5_0  pkgs/main
```

Scrapyには多くのバージョンが存在することがわかります。Anacondaではバージョンを選択してインストールできます。モジュール間のバージョンの競合によって不具合が起こる場合に対処できるようにしているわけです。

図12のように、conda installコマンドを使用してScrapyをインストールします。

> **POINT**
>
> デフォルトでは最新版がインストールされます。

図12 Scrapyをインストール

```
> conda install scrapy Enter
Collecting package metadata (current_repodata.json): done
Solving environment: done
```

conda listコマンドはConda環境でインストルール済みのパッケージの一覧を表示するコマンドですが、引数にパッケージ名を指定するとそのパッケージのみを表示します。図13のようにしてScrapyが正しくインストールされていることを確認しましょう。

図13 Scrapyのインストールを確認

```
> conda list scrapy Enter
# packages in environment at C:\Users\makot\anaconda3:
#
# Name                    Version                   Build  Channel
scrapy                    2.6.2                     py39haa95532_0
```

Lesson 6
02

240 min

Scrapyを使用して
スクレイピングを実行する

THEME テーマ Anacondaおよび Scrapy を組み合わせた開発環境が整ったところで、実際に Scrapy を使用して Web サイトをスクレイピングする手順について説明していきましょう。

 スクレイピングするWebサイトについて

Web スクレイピングの題材として、インプレスブックスの Web サイト 図1 を取り上げます。「お知らせ」の下に「おすすめの新刊」というセクションがありますので、ここから新刊書籍の情報を抽出してみましょう。

> **memo**
> 本節の解説は、2023年3月現在の「インプレスブックス」のサイトをもとにしています。リニューアル等により Web サイトの構造が変わり、解説内容と実際が一致しなくなる可能性があることをあらかじめご了承ください。

図1 インプレスブックスのWebサイト

https://book.impress.co.jp

Google ChromeでHTMLファイルを確認する

　スクレイピングを行うためには、あらかじめ対象となるHTML
ファイルの構造を把握しておく必要があります。それにはWebブ
ラウザ「Google Chrome」の「デベロッパーツール」が便利です。

　デベロッパーツールを表示するには、右上の ⋮ をクリックする
と表示されるメニューから「その他のツール」→「デベロッパー
ツール」を選択します。

　右側の「Elements」パネルにHTMLコードが階層化されて表示さ
れます 図2 。

POINT

デベロッパーツールのショートカット
キーは、Windowsは「ctrl＋shift＋i」、
Macは「command＋option＋i」です。

図2 デベロッパーツールの「Elements」パネルを表示

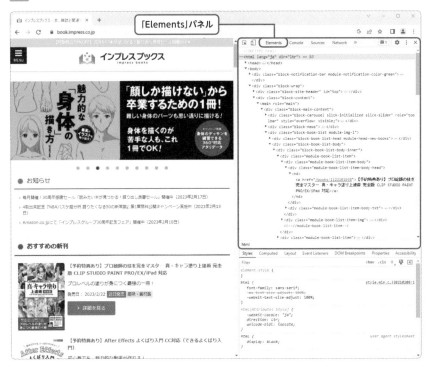

　Webブラウザに表示されている要素部分のHTMLコードを確認
するには、要素を右クリックし表示されるメニューから「検証」を
選択します。すると、「Elements」パネルでその部分のHTMLコー
ドがハイライトされて表示されます 図3 。

図3 要素のHTMLコードを確認する

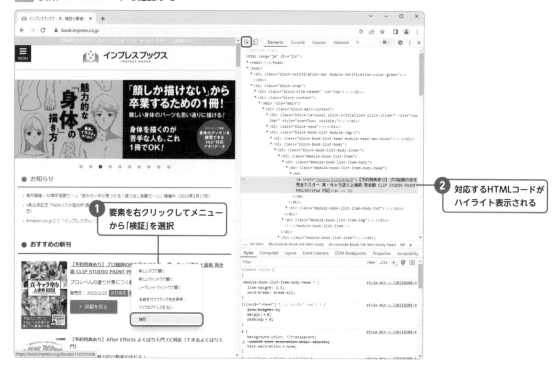

あるいはElementsパネル左上の⬚をオンにした状態で、Web
ブラウザ上の要素にカーソルを合わせると、対応するHTMLコー
ドがハイライト表示されます。

新刊書籍の構造

「https://book.impress.co.jp」で表示されるWebページ全体の
HTMLファイルから、「おすすめ新刊」の個々の新刊書籍部分の
HTMLコードを抜き出すと **図4** のようになります。

図4 新刊書籍部分のHTMLコード

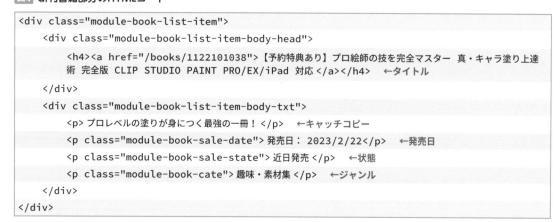

```
<div class="module-book-list-item">
    <div class="module-book-list-item-body-head">
        <h4><a href="/books/1122101038">【予約特典あり】プロ絵師の技を完全マスター　真・キャラ塗り上達
        術 完全版 CLIP STUDIO PAINT PRO/EX/iPad 対応</a></h4>　←タイトル
    </div>
    <div class="module-book-list-item-body-txt">
        <p>プロレベルの塗りが身につく最強の一冊！</p>　←キャッチコピー
        <p class="module-book-sale-date">発売日：2023/2/22</p>　←発売日
        <p class="module-book-sale-state">近日発売</p>　←状態
        <p class="module-book-cate">趣味・素材集</p>　←ジャンル
    </div>
</div>
```

この節で作成するプログラムは、これらの中から必要な情報を取り出し、最終的に JSON ファイルに保存します。

Scrapy Shellを使用して対話形式でスクレイピングする

Scrapyには対話形式でスクレイピングを行える実行環境である「Scrapy Shell」が搭載されています。

「Scrapy Shell」を実行するには、ターミナルで「scrapy shell Enter」とします。初期化が行われ、しばらくするとプロンプト「In [番号]:」が表示されます 図5。

POINT

プロンプトの表示は、入力が「In ［番号］:」、出力が「Out ［番号］:」となります。

memo

Scrapy Shellを終了するにはexitコマンドを実行します。

図5 「Scrapy Shell」の実行

```
> scrapy shell Enter
2023-02-19 14:35:58 [scrapy.utils.log] INFO: Scrapy 2.6.2 started (bot: scrapybot)

2023-02-19 14:35:59 [scrapy.utils.log] INFO: Versions: lxml 4.9.1.0, libxml2 2.9.14,
cssselect 1.1.0, parsel 1.6.0, w3lib 1.21.0, Twisted 22.2.0, Python 3.9.13 (main, Aug
25 2022, 18:29:29) - [Clang 12.0.0 ], pyOpenSSL 22.0.0 (OpenSSL 1.1.1q  5 Jul 2022),
cryptography 37.0.1, Platform macOS-10.16-x86_64-i386-64bit

2023-02-19 14:35:59 [scrapy.crawler] INFO: Overridden settings:
{'DUPEFILTER_CLASS': 'scrapy.dupefilters.BaseDupeFilter',
 'LOGSTATS_INTERVAL': 0}

2023-02-19 14:35:59 [scrapy.utils.log] DEBUG: Using reactor: twisted.internet.
selectreactor.SelectReactor
2023-02-19 14:35:59 [scrapy.extensions.telnet] INFO: Telnet Password: 3f0302aab37bba92
2023-02-19 14:35:59 [scrapy.middleware] INFO: Enabled extensions:
['scrapy.extensions.corestats.CoreStats',
～略～
[s]   fetch(req)                  Fetch a scrapy.Request and update local objects
[s]   shelp()            Shell help (print this help)
[s]   view(response)     View response in a browser
2023-02-19 14:35:59 [asyncio] DEBUG: Using selector: KqueueSelector
In [1]:    ←プロンプト
```

fetchコマンドでHTMLを取得する

Webページから HTML ファイルを取得するには、fetch コマンドを URL を引数に実行します。Scrapy Sellのプロンプトに続いて「fetch("https://book.impress.co.jp")」を実行してみましょう 図6。するとスパイダーが起動し、Web サーバーにリクエストが送られ、レスポンスとして取得した HTML ファイルが response オブジェクトに格納されます。

図6 **fetchコマンドでHTMLを取得**

```
In [1]: fetch("https://book.impress.co.jp") Enter
2023-02-19 15:08:23 [scrapy.core.engine] DEBUG: Crawled (200)
<GET https://book.impress.co.jp/> (referer: None)
```

HTMLファイルの中身を表示する

取得したresponseオブジェクトから、HTMLファイル全体をテキストとして取り出すには、「response.text Enter」とします 図7 。

図7 **HTMLファイル全体をテキストとして取り出す**

```
In [2]: response.text Enter
Out[2]: '\n\n\n<!DOCTYPE html>\n<html lang="ja" dir="ltr">\n<head>\n<meta
charset="utf-8" />\n\n<title> インプレスブックス － 本、雑誌と関連 Web サービス </title>\n\n<meta
name="description" content="Impress の雑誌、ムック、書籍、デジタルコンテンツの商品紹介。できるシリーズな
ど一般向け IT 関連書籍が多数。" />\n<meta name="keywords" content=" できるシリーズ ,IT,Impress, 書籍紹
介 " />\n<meta name="viewport" content="width=device-width, initial-scale=1.0" />\n\
n<link rel="stylesheet" href="/share/css/style.min.css?20210208" />\n\n<link
rel="stylesheet" type="text/css" href="/share/slick/slick.css" />\n<link
rel="stylesheet" type="text/css" href="/share/slick/slick-theme.css" />\n\n<link
rel="apple-touch-icon" href="/share/img/apple-touch-icon.png" />\n<link rel="icon"
type="image/png" href="/share/img/favicon.png" />\n<link rel="shortcut icon"
type="image/x-icon" href="/share/img/favicon.ico" />\n\n<meta property="og:type"
content="website" />\n<meta property="og:title" content=" インプレスブックス － 本、雑誌と関連
Web サービス " />\n<meta property="og:site_name" content=" インプレスブックス " />\n<meta
property="og:url" content="https://book.impress.co.jp/" />\n<meta property="og:image"
con
～ 略 ～
```

CSSのセレクタで要素を抽出する

responseオブジェクトから、要素を絞り込むには**CSS**のセレクタ、もしくは**XPath**を使用します。

まず、**CSSセレクタ**により要素を絞り込むには、 図8 のようにcssメソッドを使用します。

図8 **cssメソッド**

```
response.css( セレクタ )
```

図9 に**title**要素を取得する例を示します（data部分にHTMLコードが表示されます）。

WORD **CSS**

CSS (Cascading Style Sheets) は、Webページの見た目を指定するための言語。

WORD **XPath**

XPath (XML Path Language) は、HTML/XMLドキュメントの要素を指定するための構文。

WORD **CSSセレクタ**

CSSセレクタは、CSSでスタイルを設定するためにHTMLの要素を指定する書式。

WORD **title要素**

Webページのタイトル。<title>～</title>タグで設定されています。

図9 title要素を取得

```
In [3]: response.css("title") Enter
Out[3]: [<Selector xpath='descendant-or-self::title'
data='<title> インプレスブックス － 本、雑誌と関連 Web サービス </ti...'>]
```

　CSSセレクタにマッチする要素が複数ある場合には、すべて取り出されます。h4要素をすべて取り出すには **図10** のようにします

図10 h4要素をすべて取り出す

```
In [4]: response.css("h4") Enter
Out[4]:
[<Selector xpath='descendant-or-self::h4' data='<h4><a href="/
books/1122101038">【予約特典 ...'>,

 <Selector xpath='descendant-or-self::h4' data='<h4><a href="/
books/1121101014">【予約特典 ...'>,

 <Selector xpath='descendant-or-self::h4' data='<h4><a href="/
books/1121101100"> へたっぴさ ...'>,

 <Selector xpath='descendant-or-self::h4' data='<h4><a href="/
books/1121101080"> 銀行とデザ ...'>,

 <Selector xpath='descendant-or-self::h4' data='<h4><a href="/
books/1122101023"> 見てわかる ...'>,

 <Selector xpath='descendant-or-self::h4' data='<h4><a href="/
books/1120101050"> ネット広告 ...'>,

 <Selector xpath='descendant-or-self::h4' data='<h4><a href="/
books/1121101085">3 秒で勝負 ...'>,

 <Selector xpath='descendant-or-self::h4' data='<h4><a href="/
books/1121101104"> 新しい英語 ...'>,

～ 略 ～
```

XPathで要素を抽出する

　XPathでは、ディレクトリの階層構造と同じように要素の親子関係を「/」で区切って指定します。メソッドにはxpathを **図11** のように使用します。

図11 xpathメソッド

```
response.xpath(XPath)
```

　例えばtitle要素を取り出すには **図12** のようにします。

図12 title要素を取り出す

```
In [5]: response.xpath("/html/head/title") Enter
Out[5]: [<Selector xpath='/html/head/title' data='<title> インプレスブックス － 本、
雑誌と関連 Web サービス </ti...'>]
```

「//」を使用すると、途中の要素を省略できます。**図12** の例は「/
html/head/」を省略して **図13** のようにできます。

図13 「/html/head/」を省略

```
In [6]: response.xpath("//title") Enter
Out[6]: [<Selector xpath='//title' data='<title> インプレスブックス － 本、雑誌と関連
Web サービス </ti...'>]
```

h4要素をすべて取り出すには **図14** のようにします。

図14 h4要素をすべて取り出す

```
In [7]: response.xpath("//h4") Enter
Out[7]:
[<Selector xpath='//h4' data='<h4><a href="/books/1122101038">【予約特典 ...'>,
 <Selector xpath='//h4' data='<h4><a href="/books/1121101014">【予約特典 ...'>,
 <Selector xpath='//h4' data='<h4><a href="/books/1121101100"> へたっぴさ ...'>,
 <Selector xpath='//h4' data='<h4><a href="/books/1121101080"> 銀行とデザ ...'>,
 <Selector xpath='//h4' data='<h4><a href="/books/1122101023"> 見てわかる ...'>,
～ 略 ～
```

getメソッドでHTMLコードを取り出す

cssメソッドやxpathメソッドで取り出した要素から、HTMLコー
ド部分を抽出するにはget メソッドを使用します **図15** 。

POINT

複数の項目がある場合には、getの代わ
りにgetallメソッドを使用します。

図15 HTMLコード部分を抽出

```
In [8]: response.css("title").get() Enter
Out[8]: '<title> インプレスブックス － 本、雑誌と関連 Web サービス </title>'
```

タグを取り除いたテキストのみを取り出すには、css メソッド
の場合、セレクタの最後に「::text」を指定します **図16** 。

図16 タグを取り除いたテキストのみを取り出す(cssメソッド)

```
In [9]: response.css("title::text").get() Enter
Out[9]: ' インプレスブックス － 本、雑誌と関連 Web サービス
```

xpath メソッドでは、XPath に「/text()」を追加します 図17。

図17 タグを取り除いたテキストのみを取り出す(xpathメソッド)

```
In [10]: response.xpath("//title/text()").get() Enter
Out[10]: 'インプレスブックス - 本、雑誌と関連 Web サービス '
```

for文で新刊書籍のタイトルを順に表示する

新刊書籍のタイトルは、図18 のように module-book-list-item-body-head クラスの div 要素の下の h4 要素になります。タイトルには <a href="〜"> により、詳細ページへのリンクが設定されています。

図18 新刊書籍部分のHTMLコード(タイトル部分)

```
<div class="module-book-list-item-body-head">
    <h4><a href="/books/1122101038">【予約特典あり】プロ絵師の技を完全マスター 真・キャラ塗り上達術 完全
    版 CLIP STUDIO PAINT PRO/EX/iPad 対応 </a></h4>   ←タイトル
</div>
```

新刊書籍は複数あるので、for 文を使用して順に処理します。図19 に新刊書籍のタイトルを順に表示する例を示します。

図19 新刊書籍のタイトルを順に表示

```
In [11]: for b in response.css("div.module-book-list-item-body-head"): Enter  ①
   ...:     print(b.css("h4 a::text").get()) Enter   ②
   ...: Enter
【予約特典あり】プロ絵師の技を完全マスター 真・キャラ塗り上達術 完全版 CLIP STUDIO PAINT PRO/EX/iPad 対応
【予約特典あり】After Effects よくばり入門 CC 対応（できるよくばり入門）
へたっぴさんのための表情＆ポーズの描き方入門
銀行とデザイン デザインを企業文化に浸透させるために
見てわかる、迷わず決まる配色アイデア 3 色だけでセンスのいい色 PART2
ネット広告クリエイティブ" 打ち手" 大全 広告運用者が知るべきバナー＆ LP 制作 最強の戦略 77（できる Marketing
Bible）
3 秒で勝負を決める ビジネス TikTok 新しい時代の動画マーケティング（できるビジネス）
新しい英語力の教室 同時通訳者が教える本当に使える英術（できるビジネス）
〜 略 〜
```

①の for 文では、css メソッドで module-book-list-item-body-head クラスの div 要素を順に取り出し、変数 b に代入しています。②の print 文では、変数 b の要素を、css メソッドの引数に「h4 a::text」を指定し、h4 要素の下の a 要素のテキストに絞り込んで表示しています。

書籍タイトルのリンク先を取得する

　書籍タイトルには<a href="〜">によるリンクが設定されています。リンク先を文字列として取り出すには、最後に「.attrib['href']」を指定して(b.css("h4 a").attrib['href'])とします 図20 。

図20 リンク先を文字列として取り出す

```
In [12]: for b in response.css("div.module-book-list-item-body-head"): Enter
    ...:     print(b.css("h4 a").attrib['href']) Enter
    ...: Enter
/books/1122101038
/books/1121101014
/books/1121101100
/books/1121101080
/books/1122101023
/books/1120101050
〜略〜
```

Scrapyのプロジェクトを作成する

　Scrapy Shellを使用したWebスクレイピングの概要が理解できたところで、実際にPythonでスパイダーを作成してスクレイピングを行ってみましょう。Scrapyでは「プロジェクト」という単位でプログラムを作成してスクレイピングを行います。

　Scrapyのプロジェクトを作成するには、scrapy startproject コマンドを実行します。ここでは「newbook」という名前で作成してみましょう。プロジェクトを保存したいディレクトリに移動し、「scrapy startproject newbook Enter 」を実行します 図21 。

> **memo**
> 前項からの続きで「In [X]:」のプロンプトが表示されている場合は、「exit」を入力していったん終了してください。

図21 Scrapyのプロジェクトを作成する

```
> scrapy startproject newbook Enter
New Scrapy project 'newbook', using template directory '/Users/o2/opt/
anaconda3/lib/python3.9/site-packages/scrapy/templates/project', created in:

    /Users/o2/Library/Mobile Documents/com~apple~CloudDocs/Documents/
    python2022/Chap6/samples/y-2/newbook

You can start your first spider with:
    cd newbook
    scrapy genspider example example.com
```

　以上で、プロジェクト用ディレクトリとして「newbook」が作成され、その下にプロジェクトファイルが保存されます 図22 。

図22 Scrapyのプロジェクトファイルの構造

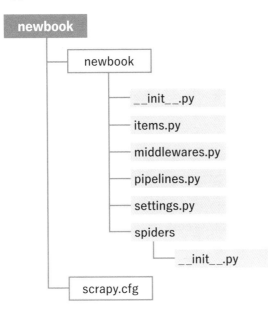

図23 に各ファイルの概要を示します。

図23 プロジェクトのファイル

ファイル / ディレクトリ	説明
items.py	アイテム（取得したデータ）のデータ形式を定義する
middlewares.py	Web サーバーへのリクエストとレスポンスのための追加処理を記述する
pipelines.py	スパイダーによってスクレイピングされたアイテムを処理する
settings.py	Scrapy のオプションを設定するファイル
spiders	スパイダーが保存されるディレクトリ
scrapy.cfg	スパイダーの作成などに使用される設定ファイル

日本語をそのまま表示するには

　この状態でスパイダーを作成し、結果を JSON フィルに保存すると、日本語が「\uXXXX」といったエンコード化された形式で表示されます。これを防ぐには settings.py に以下のように記述しておきます。

> memo
> 「settings.py」のファイルの場所は、プロジェクトを作成した際に、ターミナルで「created in:」に続けて格納ディレクトリが示されています。

```
FEED_EXPORT_ENCODING='utf-8'
```

スパイダーのひな型を作成する

実際にサイトをスクレイピングするスパイダーのプログラム
は、scrapy.Spiderクラスのサブクラスとして作成します。

スパイダーをゼロから作る代わりに、scrapy genspiderコマン
ド図24を実行するとスパイダーのひな型が作成できます。

図24 scrapy genspiderコマンド

```
scrapy genspider スパイダー名 URL
```

このとき、「-t テンプレートオプション」でひな型として使用す
るテンプレートを指定できます。テンプレートの一覧は、「-l」オ
プションを指定してscrapy genspiderコマンドを実行すると、確
認できます図25。

図25 テンプレートの一覧

```
> scrapy genspider -l Enter
Available templates:
  basic
  crawl
  csvfeed
  xmlfeed
```

デフォルトでは「basic」が使用されます。ここでは、basicテン
プレートを使用して、「show_newbook1」という名前でスパイダー
を作成してみましょう図26。なお、引数のURLには「https://」は
不要です。

図26 basicテンプレートでスパイダーを作成

```
> cd newbook Enter
> scrapy genspider show_newbook1 book.impress.co.jp Enter
Created spider 'show_newbook' using template 'basic' in module:
  newbook.spiders.show_newbook
```

これで、spidersディレクトリの下に、スパイダーのPythonファ
イルとして「show_newbook1.py」が作成されます図27。

図27 スパイダーのPythonファイル

～ 略 ～

作成されたスパイダー

図28 に、ひな型の状態のスパイダー「show_newbook1.py」を示します。

図28 show_newbook1.py（作成時の状態）

```
import scrapy

class ShowNewbook1Spider(scrapy.Spider):    ①
    name = 'show_newbook1'    ②
    allowed_domains = ['book.impress.co.jp']    ③
    start_urls = ['http://book.impress.co.jp/']    ④

    def parse(self, response):    ⑤
        pass
```

①のようにスパイダークラスが、scrapy genspiderコマンドで入力したスパイダー名を元にした「ShowNewbook1Spider」という名前で作成されます。これはscrapyモジュールのSpiderクラスのサブクラスです。つまり、Spiderクラスの機能を引き継いでいます。

②の変数nameは、scrapy genspiderコマンドで指定したスパイダー名です。

③の変数allowed_domainsには、スパイダーがアクセスできるドメイン名が格納されています。

④のstart_urlsは、spiderがスクレイピングを開始するURLが設定されています。

今回のURLは、HTTPSプロトコルのため「https://book.impress.co.jp」になっているので、以下のように「http」を「https」に変更してください。

POINT

1つのプロジェクトには複数のスパイダーを管理できますが、名前は重複できません。

```
start_urls = ['http://book.impress.co.jp/']
                           ↓
start_urls = ['https://book.impress.co.jp/']
```

⑤のparseメソッドはスクレイピングの処理を行うメソッドです。デフォルトの記述では**pass**のみです。

スクレイピングの流れとしては、変数start_urlsで指定したURLにリクエストとしてGETメソッドが送られ、そのレスポンスを引数responseに代入してparseメソッドが呼び出されます。

WORD pass

passは何もしないコマンド。関数のひ
な型を作成する場合に、中身を何も記
述しないとエラーになるため、passを
記述しておきます。

parseメソッドを記述する

スクレイピングのための基本的な処理はparseメソッドに記述します。parseメソッドは、通常、yield文(『ジェネレータについて』参照 ◯)を使用して結果を辞書として返すようにします。

図29に変更後の「show_newbook1.py」を示します。

➡ 255ページ参照

図29 show_newbook1.py

```python
import scrapy

class ShowNewbook1Spider(scrapy.Spider):
    name = 'show_newbook1'
    allowed_domains = ['book.impress.co.jp']
    start_urls = ['https://book.impress.co.jp/']

    def parse(self, response):
        for book in response.css("div.module-book-list-item-body-head"):   ①
            yield {   ②
                "title": book.css("h4 a::text").get(),   ③
                "url": "https://book.impress.co.jp/" + book.css("h4 a").attrib['href']   ④
            }
```

①では、先ほどScrapy Shellで試したのと同じく、module-book-list-item-body-headクラスのdiv要素を順に取り出し、結果を②のyield文で順にキーと値のペアの辞書として戻しています。このように、結果をその都度yield文で戻すことにより、return文でまとめて戻す場合に比べて大量のデータでもメモリを圧迫しません。

yield文が戻す辞書としては、③でキー「tilte」の値として書籍タイトル、④でキー「url」の値として詳細情報のリンク先のURLを返すようにしています。

❗ POINT

スクレイピングしたリンク先は相対パス
なので、前に「https://book.impress.
co.jp/」を接続しています。

スパイダーを実行する

作成したスパイダーを実行するには、プロジェクトのディレクトリで 図30 のようにします。

図30 プロジェクトのディレクトリでの指定

```
scrapy crawl スパイダー名
```

「show_newbook1」を実行するには 図31 のようにします。

図31 スパイダーを実行した結果

```
> scrapy crawl show_newbook1 Enter
2023-02-19 21:27:53 [scrapy.utils.log] INFO: Scrapy 2.6.2 started (bot: newbook)
2023-02-19 21:27:53 [scrapy.utils.log] INFO: Versions: lxml 4.9.1.0, libxml2 2.9.14,
cssselect 1.1.0, parsel 1.6.0, w3lib 1.21.0, Twisted 22.2.0, Python 3.9.13 (main, Aug
25 2022, 18:29:29) - [Clang 12.0.0 ], pyOpenSSL 22.0.0 (OpenSSL 1.1.1q  5 Jul 2022),
cryptography 37.0.1, Platform macOS-10.16-x86_64-i386-64bit
2023-02-19 21:27:53 [scrapy.crawler] INFO: Overridden settings:
{'BOT_NAME': 'newbook',
～ 略 ～
{'title': '【予約特典あり】プロ絵師の技を完全マスター 真・キャラ塗り上達術 完全版 CLIP STUDIO PAINT PRO/
EX/iPad 対応 ', 'url': 'https://book.impress.co.jp//books/1122101038'}
2023-02-19 21:27:54 [scrapy.core.scraper] DEBUG: Scraped from <200 https://book.
impress.co.jp/>
{'title': '【予約特典あり】After Effects よくばり入門 CC 対応（できるよくばり入門）', 'url': 'https://
book.impress.co.jp//books/1121101014'}
2023-02-19 21:27:54 [scrapy.core.scraper] DEBUG: Scraped from <200 https://book.
impress.co.jp/>
{'title': 'へたっぴさんのための表情&ポーズの描き方入門 ', 'url': 'https://book.impress.co.jp//
books/1121101100'}
2023-02-19 21:27:54 [scrapy.core.scraper] DEBUG: Scraped from <200 https://book.
impress.co.jp/>
{'title': '銀行とデザイン デザインを企業文化に浸透させるために ', 'url': 'https://book.impress.
co.jp//books/1121101080'}
2023-02-19 21:27:54 [scrapy.core.scraper] DEBUG: Scraped from <200 https://book.
impress.co.jp/>
～ 略 ～
{'title': 'できる Windows 11 2023 年 改訂 2 版 ', 'url': 'https://book.impress.co.jp//
books/1122101110'}
2023-02-19 21:27:54 [scrapy.core.scraper] DEBUG: Scraped from <200 https://book.
impress.co.jp/>
～ 略 ～
2023-02-19 21:27:54 [scrapy.core.engine] INFO: Spider closed (finished)
```

さまざまな情報とともに、新刊書籍情報が表示されたことが確認できました。

結果をJSONファイルに保存する

scrapy crawl コマンドでスクレイピングされたデータを外部の JSON ファイルに保存するには、「-o ファイル名 .json」オプションを指定して scrapy crawl コマンドを実行します。「newbook1. json」に保存するには 図32 のようにします。

> [!memo]
> CSVファイルに出力するには「-o ファイル名.csv」、XMLファイルに出力するには「-o ファイル名.xml」とします。

図32 JSONファイルに保存

```
> scrapy crawl show_newbook1 -o newbook1.json [Enter]
2023-02-19 21:30:53 [scrapy.utils.log] INFO: Scrapy 2.6.2 started (bot: newbook)
2023-02-19 21:30:53 [scrapy.utils.log] INFO: Versions: lxml 4.9.1.0, libxml2 2.9.14,
cssselect 1.1.0, parsel 1.6.0, w3lib 1.21.0, Twisted 22.2.0, Python 3.9.13 (main, Aug
25 2022, 18:29:29) - [Clang 12.0.0 ], pyOpenSSL 22.0.0 (OpenSSL 1.1.1q  5 Jul 2022),
cryptography 37.0.1, Platform macOS-10.16-x86_64-i386-64bit
〜 略 〜
```

以上で 図33 のような JSON ファイルが作成されます。

図33 newbook_json1.json

```
[
{"title": "【予約特典あり】プロ絵師の技を完全マスター 真・キャラ塗り上達術 完全版 CLIP STUDIO PAINT PRO/
EX/iPad 対応 ", "url": "https://book.impress.co.jp//books/1122101038"},

{"title": "【予約特典あり】After Effects よくばり入門 CC 対応（できるよくばり入門）", "url": "https://
book.impress.co.jp//books/1121101014"},

{"title": " へたっぴさんのための表情＆ポーズの描き方入門 ", "url": "https://book.impress.co.jp//
books/1121101100"},

{"title": " 銀行とデザイン デザインを企業文化に浸透させるために ", "url": "https://book.impress.
co.jp//books/1121101080"},

{"title": " 見てわかる、迷わず決まる配色アイデア 3 色だけでセンスのいい色 PART2", "url": "https://book.
impress.co.jp//books/1122101023"},

{"title": " ネット広告クリエイティブ" 打ち手" 大全 広告運用者が知るべきバナー＆ LP 制作 最強の戦略 77（できる
Marketing Bible）", "url": "https://book.impress.co.jp//books/1120101050"},

{"title": "3 秒で勝負を決める ビジネス TikTok 新しい時代の動画マーケティング（できるビジネス）", "url":
"https://book.impress.co.jp//books/1121101085"},

{"title": " 新しい英語力の教室 同時通訳者が教える本当に使える英語術（できるビジネス）", "url": "https://
book.impress.co.jp//books/1121101104"},

{"title": " デジタルカメラマガジン ", "url": "https://book.impress.co.jp//books/1122110214"},
{"title": "DOS/V POWER REPORT", "url": "https://book.impress.co.jp//books/1122110112"},
〜 略 〜
]
```

別のスパイダーを作成する

　プロジェクトには複数のスパイダーを作成できます。ここでは「show_newbook1」の結果に加えて、新刊書籍の発売日やキャッチコピーなどの情報を含めて表示する「show_newbook2」というスパイダーを作成してみましょう 図34。

図34 スパイダー「show_newbook2」を作成

```
> scrapy genspider show_newbook2 book.impress.co.jp Enter
Created spider 'show_newbook2' using template 'basic' in module:
  newbook.spiders.show_newbook2
```

　これで「show_newbook2」のひな型が作成されます 図35。

図35 「show_newbook2」のひな型

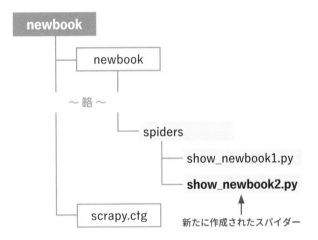

新たに作成されたスパイダー

　ここでもう一度、個々の新刊書籍のHTMLコードを確認してみましょう 図36。

図36 新刊書籍部分のHTMLコード

```
<div class="module-book-list-item">
    <div class="module-book-list-item-body-head">
        <h4><a href="/books/1122101038">【予約特典あり】プロ絵師の技を完全マスター 真・キャラ塗り上達
        術 完全版 CLIP STUDIO PAINT PRO/EX/iPad 対応 </a></h4>    ←タイトル
    </div>
    <div class="module-book-list-item-body-txt">
        <p> プロレベルの塗りが身につく最強の一冊！ </p>    ① キャッチコピー
        <p class="module-book-sale-date"> 発売日： 2023/2/22</p>  ② 発売日
        <p class="module-book-sale-state"> 近日発売 </p>
```

```
                <p class="module-book-cate"> 趣味・素材集 </p>    ③ ジャンル
        </div>
</div>
```

「show_newbook2」では、新たに①のキャッチコピー、②の発売日、③のジャンルを抽出します。

「show_newbook1」と同じくタイトル部分も必要なので、取り出す項目は上記HTMLコードの一番外側のmodule-book-list-itemクラスのdivエレメントの子要素として取り出せばOKです。

図37に、「show_newbook2.py」のコードを示します。

図37 show_newbook2.py

```python
import scrapy

class ShowNewbook2Spider(scrapy.Spider):
    name = 'show_newbook2'
    allowed_domains = ['book.impress.co.jp']
    start_urls = ['https://book.impress.co.jp/']

    def parse(self, response):
        for book in response.css("div.module-book-list-item"):    ①
            yield {
                "title": book.css("h4 a::text").get(),
                "url": "https://book.impress.co.jp/" + book.css("h4 a").attrib['href'],
                "copy": book.css("div.module-book-list-item-body-txt  p:first-
                child::text").get(),    ②
                "sale-date": book.css("p.module-book-sale-date::text").get(),    ③
                "genre": book.css("p.module-book-cate::text").get()    ④
            }
```

①のfor文ではmodule-book-list-itemクラスのdivエレメントから順に要素を取り出し、変数bookに格納しています。yield文が戻す辞書では、②のキャッチコピーと、③の発売日、④のジャンルを戻すようにしています。

②のキャッチコピーは、div.module-book-list-item-body-txtの最初の子要素のpエレメントのためCSSに「:first-child」を指定しています。

「show_newbook2.py」を変更したら、scrapy crawl コマンドを実行して JSON ファイル「newbook2.json」を作成してみましょう 図38。

図38 「newbook2.json」を作成

```
> scrapy crawl show_newbook2 -o newbook2.json Enter
2023-02-21 13:20:32 [scrapy.utils.log] INFO: Scrapy 2.6.2 started (bot: newbook)
〜 略 〜

{'title': '【予約特典あり】プロ絵師の技を完全マスター 真・キャラ塗り上達術 完全版 CLIP STUDIO PAINT PRO/
EX/iPad 対応', 'url': 'https://book.impress.co.jp//books/1122101038', 'copy': 'プロレベル
の塗りが身につく最強の一冊！', 'sale-date': '発売日：2023/2/22', 'genre': '趣味・素材集'}

2023-02-21 13:20:32 [scrapy.core.scraper] DEBUG: Scraped from <200 https://book.
impress.co.jp/>

{'title': '【早期購入特典あり】After Effects よくばり入門 CC 対応（できるよくばり入門）', 'url':
'https://book.impress.co.jp//books/1121101014', 'copy': '初心者でも、魅力的な動画が作れる！',
'sale-date': '発売日：2023/2/21', 'genre': 'パソコンソフト'}

2023-02-21 13:20:32 [scrapy.core.scraper] DEBUG: Scraped from <200 https://book.
impress.co.jp/>

{'title': 'へたっぴさんのための表情＆ポーズの描き方入門', 'url': 'https://book.impress.co.jp//
books/1121101100', 'copy': 'お絵かきの苦手克服、最短ルート！', 'sale-date': '発売日：2022/12/7',
'genre': '趣味・素材集'}

〜 略 〜
```

JSONファイルの中身をフォーマットして表示するには

　scrapy crawlコマンドで作成されたJSONファイルは、それぞれの書籍の内容が1行で表示されているため人間にとってあまりわかりやすくありません。

　JSONファイルの内容を、要素ごとに改行し階層に応じてインデントして表示するには、図39のようなプログラム「show_json.py」を用意するとよいでしょう。Pythonの標準ライブラリのjsonモジュールを使用してJSONデータを処理しています。

図39 show_json.py

```
import json  ①
import os

file = input("ファイルを指定してください：")
in_file_path = os.path.join(os.path.dirname(
    __file__), file)

in_file = open(in_file_path, "r")
books = json.load(in_file)  ②
json_str = json.dumps(books, ensure_ascii=False, indent=4)  ③
print(json_str)
```

①でjsonモジュールをインポートしています。

②ではload関数を使用してJSONファイルを読み込んで、③でdump関数を使用して内容を文字列json_strに書き出しています。日本語をエンコードなしで表示するには、ensure_asciiオプションをFalseに設定する必要があります。また、indentオプションではインデントの文字数を指定します。

図40に、「show_json.py」を使用して、「show_newbook2.py」が出力したJSONファイル「newbook2.json」をフォーマットして表示した例を示します。

図40 実行結果

```
[
    {
        "title": "【予約特典あり】プロ絵師の技を完全マスター 真・キャラ塗り上達術 完全版 CLIP STUDIO
PAINT PRO/EX/iPad 対応 ",
        "url": "https://book.impress.co.jp//books/1122101038",
        "copy": " プロレベルの塗りが身につく最強の一冊！",
        "sale-date": " 発売日：2023/2/22",
        "genre": " 趣味・素材集 "
    },
    {
        "title": "【予約特典あり】After Effects よくばり入門 CC 対応（できるよくばり入門）",
        "url": "https://book.impress.co.jp//books/1121101014",
        "copy": " 初心者でも、魅力的な動画が作れる！",
        "sale-date": " 発売日：2023/2/21",
        "genre": " パソコンソフト "
    },
    {
        "title": " へたっぴさんのための表情＆ポーズの描き方入門 ",
        "url": "https://book.impress.co.jp//books/1121101100",
        "copy": " お絵かきの苦手克服、最短ルート！",
        "sale-date": " 発売日：2022/12/7",
        "genre": " 趣味・素材集 "
    },
    {
        "title": " 銀行とデザイン デザインを企業文化に浸透させるために ",
        "url": "https://book.impress.co.jp//books/1121101080",
        "copy": " デザインの力で組織を変える！",
        "sale-date": " 発売日：2022/11/22",
        "genre": " ビジネス・読み物 "
    },

～ 略 ～

]
```

ONE POINT

ジェネレータについて

Pythonには大量のデータを効率的に処理する便利な仕組みとして「ジェネレータ」があります。ジェネレータは関数として定義できます。ただし、戻り値はreturn文ではなくyield文で戻します。

次に、引数で与えられた文字列を1文字ずつ大文字にして戻すジェネレータ関数「upper_char」を示します。

○ generator1.py（ジェネレータ関数定義部分）
```
def upper_char(string):
    for c in string.upper():   ①
        yield c   ②
```

①のfor文では、引数stringをupperメソッドで大文字にして1文字ずつ取り出し、②のyield文で戻しています。return文と異なり、yield文が実行されると一時停止のような状態になり、呼び出し元に制御を戻します。次にnextという関数が実行されると値を返し次に進みます。

次に、ジェネレータ関数「upper_char」を呼び出して実行する例を示します。

○ generator1.py（ジェネレータ関数実行部分）
```
gen = upper_char("python");   ①
print(next(gen))   ②
print(next(gen))
print(next(gen))
print(next(gen))
print(next(gen))
print(next(gen))
print(next(gen))   ③
```

①で"python"を引数にジェネレータ関数「upper_char」を生成し、変数genに代入しています。②以降でnext関数を呼び出すことで大文字に変換された引数が1文字ずつ表示されます。

③の最後のnext関数ではもう取り出す文字がないため、StopIterationという例外（エラー）となります。

○ 実行結果
```
P
Y
T
H
O
N
Traceback (most recent call last):
  File "/Users/o2/Library/Mobile
  Documents/com~apple~CloudDocs/
  Documents/python2022/Chap6/work/
  generator1.py", line 12, in <module>
    print(next(gen))
          ^^^^^^^^^
StopIteration   ←例外が表示される
```

なお、ジェネレータはイテレート可能なのでfor文で処理することができます。

○ generator2.py（ジェネレータ関数実行部分）
```
gen = upper_char("python");
for c in gen:
    print(c)
```

○ 実行結果
```
P
Y
T
H
O
N
```

機械学習に挑戦！

Pythonがここまで人気になったのは、機械学習関連のモジュールやライブラリの充実があったからといえるでしょう。機械学習に関して掘り下げると、それだけで書籍何冊分ものボリュームになってしまいます。ここでは「過去の使用電力のデータから、未来の電力利用料を予想する」、そんな作業を通して機械学習の雰囲気に触れていただければと思います。

準備 〉 基本 〉 応用 〉 発展

機械学習用のモジュールとデータを準備する

THEME テーマ　機械学習にはいろいろなライブラリがありますが、ここではデータ処理用にpandas、機械学習用にscikit-learn、グラフの描画にmatplotlibを使用します。いずれも機械学習入門としてとてもよく利用されるライブラリです。

モジュールをインストールする

　Windowsの場合、ターミナルで 図1 のコマンドを実行し、必要なモジュールをインストールしてください。

図1 モジュールのインストールコマンド

```
pip install pandas
pip install scikit-learn
pip install matplotlib
```

! POINT

Macの場合はpip3コマンドを使用してください。

CSVファイルをダウンロードする

東京電力

　東京電力の過去の実績データは、図2 のURLからダウンロードできます。今回は2022年分をダウンロードし、コードと同階層のdataフォルダの下に「juyo-2022.csv」として保存しました。

図2 東京電力の過去の実績データのダウンロードサイト

```
https://www.tepco.co.jp/forecast/html/download-j.html
```

気象庁

　2022年の天候データをダウンロードし 図3 、同様にdataフォルダの下に「ondo-2022.csv」として保存しました。ここでは地点は東京、項目は日別値の日平均気温、期間は2022年1月1日〜12月31日としました。

図3 気象庁の過去の天候データのダウンロードサイト

```
https://www.data.jma.go.jp/gmd/risk/obsdl/
```

電力データと気象データを読み込む

まずは消費電力のCSVファイルを読み込んで、その内容をグラフで描画してみます。同じように気象庁からダウンロードしたCSVファイルもグラフに描画してみましょう。電力消費量と気温はおそらく関係があると思われます。

電力データのCSVファイルを読み込む

CSVファイルは 図1 のように、それぞれの日付・時刻の消費電力量が格納されています。最初に3行分のヘッダ領域があることがわかります。

図1 消費電力のCSVファイル

	A	B	C	D	E
1	2023/2/2 5:40 UPDATE				
2					
3	DATE	TIME	実績(万kW)		
4		2022/1/1	0:00	3266	
5		2022/1/1	1:00	3062	
6		2022/1/1	2:00	2929	
7		2022/1/1	3:00	2828	
8		2022/1/1	4:00	2786	
9		2022/1/1	5:00	2828	
10		2022/1/1	6:00	2985	

最初の3行はスキップし、A列とC列を取り込みます。

Pandas の read_csv 関数を使用すると、CSVファイルからDataFrameというオブジェクトを作成できます 図2 。DataFrameは表形式のデータを集計・管理する便利なオブジェクトです。

図2 ml1.py

```
import pandas as pd  ①
df = pd.read_csv("data/juyo-2022.csv",  ②
    encoding="shift_jis",
    skiprows=3, parse_dates=[0], names=["date", "kw"],
    usecols=[0, 2])
print(df.head())  ③
```

> **memo**
> 実行時はターミナルでコードを保存したディレクトリに移動しないと、CSVのファイルが読み込めません。

まず①でライブラリを読み込み、別名（エイリアス）「pd」と名付けています。多くの開発者がこのように「pd」という別名を付けているようです。

②でCSVファイルを読み込みます。read_csvにはさまざまな引数が用意されています。今回使用した引数は 図3 の通りです。

図3 read_csvで使用した引数

引数	説明
"data/juyo-2022.csv"	CSV ファイルへのパス
encoding="shift_jis"	CSV ファイルのエンコードが Shift_JIS になっているので encoding 引数で "shift_jis" を指定
skiprows=3	CSV ファイルには最初の3行にデータ以外の内容が含まれているのでスキップ
names=["date", "kw"]	列名を指定
usecols=[0, 2]	日と使用量 kw の列がほしいので [0,2] と指定

read_csv関数は、戻り値としてデータフレームオブジェクトを返します。データフレーム（DataFrame）は表形式でデータを管理する多機能なオブジェクトです。

③のheadはデータフレームの先頭を返すメソッドです。実行すると、図4 のようにCSVの先頭が表示されます。

図4 実行結果（ml1.py）

```
        date    kw
0  2022-01-01  3266
1  2022-01-01  3062
2  2022-01-01  2929
3  2022-01-01  2828
4  2022-01-01  2786
```

元データでは、各時間ごとのデータが格納されていました。すなわち1日あたり24行のデータがあったことになります。日毎の電力消費量を求めるために、DataFrameオブジェクトで日毎に集計する必要があります。図5。

図5 ml2.py

```
import pandas as pd
df = pd.read_csv("data/juyo-2022.csv",
    encoding="shift_jis",
    skiprows=3, parse_dates=[0], names=["date", "kw"],
    usecols=[0, 2])

df_juyo = df.groupby("date").sum()   ①
print(df_juyo.head())
```

①では、データフレームdfのgroupbyメソッドを実行して日毎に集計を行い、さらにその戻り値に対してsumメソッドを実行して合計値を求めています。

出力は 図6 の通りです。各日の合計利用量が出力されています。

図6 実行結果(ml2.py)

```
             kw
date
2022-01-01  74952
2022-01-02  75147
2022-01-03  74114
2022-01-04  81826
2022-01-05  92763
```

電力使用量グラフを描画する

matplotlibモジュールを使用すると、グラフを描画できます 図7 。

図7 ml3.py

```
import pandas as pd
import matplotlib.pyplot as plt   ①
df = pd.read_csv("data/juyo-2022.csv",
    encoding="shift_jis",
    skiprows=3, parse_dates=[0], names=["date", "kw"],
    usecols=[0, 2])

df_juyo = df.groupby("date").sum()
plt.plot(df_juyo)   ②
plt.show()   ③
```

図8 実行結果（ml3.py）

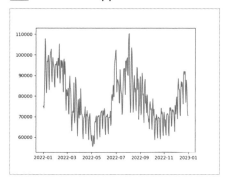

夏と冬に電力消費量が高くなっていることがわかります。

①では matplotlib の pyplot モジュールを plt という名前でインポートしています。②にあるように、plot 関数に DataFrame を渡すとグラフが描画されます。③で実際にグラフが見える状態にしています。

気象データのCSVファイルを読み込む

電力の CSV と同じように DataFrame に読み込みます 図9。出力結果は 図10 の通りです。

> **memo**
>
> 気象データも同様にCSV内で利用するデータを指定します。ここでは、先頭の5行をスキップし、[0,1]の列を指定して、インデックスとして使う列（index_col）を0の先頭列にしています。インデックスを指定しないとインデックスが連番になってしまい、後の処理に支障が出ます。列名はdateとondoです。

図9 ml4.py

```
import pandas as pd
df_ondo = pd.read_csv("data/ondo-2022.csv",
    skiprows=5, parse_dates=[0], usecols=[0,1],
    encoding="Shift_JIS", names=["date", "ondo"],
    index_col=0)
print(df_ondo.head())
```

図10 実行結果（ml4.py）

```
                ondo
date
2022-01-01      3.4
2022-01-02      3.5
2022-01-03      5.5
2022-01-04      5.2
2022-01-05      4.1
```

それぞれの日の気温が取得できていることが確認できます。

電力と気温の散布図

matplotlibのscatter関数を使用し、温度を横軸、電力使用量を縦軸にして散布図を描画してみます 図11。出力は 図12 の通りです。

図11 ml5.py

```python
import pandas as pd
import matplotlib.pyplot as plt

# 電力需要の CSV 読み込み
df = pd.read_csv("data/juyo-2022.csv",
    encoding="shift_jis",
    skiprows=3, parse_dates=[0], names=["date", "kw"],
    usecols=[0, 2])
df_juyo = df.groupby("date").sum()

# 気温の CSV 読み込み
df_ondo = pd.read_csv("data/ondo-2022.csv",
    skiprows=5, parse_dates=[0], usecols=[0,1],
    encoding="Shift_JIS", names=["date", "ondo"],
    index_col=0)

# 散布図の描画
plt.scatter(df_ondo["ondo"], df_juyo["kw"])   ①
plt.xlabel("temp")   ②
plt.ylabel("kw")
plt.show()
```

図12 実行結果(ml5.py)

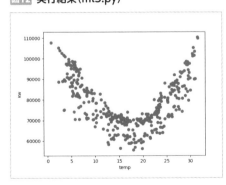

散布図はscatter関数を使用します。①がscatter関数を実行している箇所です。X軸の値(温度)と、Y軸の値(電力使用量)を引数に指定します。②で、xlabel、ylabel関数でX軸とY軸のラベルを描画しています。

機械学習で気温から消費電力を予測する

THEME テーマ　機械学習では過去のデータからモデルを作成し、未来の値を予測します。本節では、機械学習のモジュールscikit-learnを使って、気温から電力予想をするモデルを作成してみます。

モデルの作成と予想

　気温と電力消費量のグラフからも、温度と電力消費量に相関がありそうなことが予想できます。放物線（二次関数）のように見えないでしょうか。今回はモデルを作成するにあたり、単なる直線での近似は難しそうなので（＝放物線のように見えるので）、PolynominalFeaturesというクラスを使用しました。

　scikit-learnでは以下の手順で処理を行います。

1 モデルを作成

2 fitメソッドで学習

3 predictメソッドで予測

さっそく始めてみましょう。

　図1のサンプルは、今回行ったことのまとめです。モデルの作成、予想、グラフの描画を行っています。

図1 ml6.py

```python
import pandas as pd
import matplotlib.pyplot as plt
from sklearn.preprocessing import PolynomialFeatures    ①
from sklearn.linear_model import LinearRegression

# 電力需要の CSV 読み込み
df = pd.read_csv("data/juyo-2022.csv",
    encoding="shift_jis",
    skiprows=3, parse_dates=[0], names=["date", "kw"],
    usecols=[0, 2])
df_juyo = df.groupby("date").sum()
```

```
# 気温の CSV 読み込み
df_ondo = pd.read_csv("data/ondo-2022.csv",
    skiprows=5, parse_dates=[0], usecols=[0,1],
    encoding="Shift_JIS", names=["date", "ondo"],
    index_col=0)

# 説明変数を X に代入
X = pd.DataFrame(df_ondo["ondo"])

# 目的変数を y に代入
y = df_juyo["kw"]

# モデルの作成と学習
quadratic = PolynomialFeatures(degree=2)   ②
X_quad = quadratic.fit_transform(X)   ③
model = LinearRegression()   ④
model.fit(X_quad, y)   ⑤

x_test = pd.DataFrame([x for x in range(-5, 40)], columns=["ondo"])   ⑥

# モデルを使って予想
y_quad_fit = model.predict(quadratic.fit_transform(x_test))   ⑦

# 機械学習で求めた曲線を描画
plt.plot(pd.DataFrame(x_test), y_quad_fit, color="red")   ⑧

# 散布図を重ねて描画
plt.scatter(df_ondo["ondo"], df_juyo["kw"])   ⑨
plt.show()
```

図2 のようにグラフが描画されます。

図2 実行結果(ml6.py)

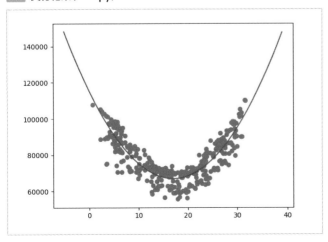

①でscikit-learnで必要なモジュールをインポートします。散布図を見たときに、2次関数で近似できそうだったので、多項式を表現できるPolynomialFeaturesクラスを使用しました。

今回は温度から消費電力を求めます。そのため、温度が説明変数、電力消費量が目的変数となります。データフレームを使ってこれらの値を求める手順は、前の例で散布図を描画したときと同じです。

以下が、モデルの作成と学習を行っている箇所です。

```
quadratic = PolynomialFeatures(degree=2)  ②
X_quad = quadratic.fit_transform(X)  ③
model = LinearRegression()  ④
model.fit(X_quad, y)  ⑤
```

②で多項式のオブジェクトを作成し、③で説明変数を2次の多項式に変換しています。

④でLinearRegression（線形回帰の意）モデルを作成し、⑤のfitメソッドで学習をします。

fitメソッドで学習するときには、説明変数X_quadと、目的変数yを引数として渡しています。説明変数が問題で、目的変数が答え、つまり、問題と答えを渡して学習しているのです。このように正解を渡して学習する方式を「教師あり学習」と呼びます。人間も学習することで成長するように、機械学習のfitメソッドを実行すると、モデルの学習が行われ、将来の値を予測できるようになります。

scikit-learnでは数多くのモデルが用意されており、それぞれのモデルに対していろいろなパラメータが指定できます。どのようなモデルを使用して、どのようなパラメータを設定するか、この辺りは機械学習のノウハウといえるでしょう。

以下の部分がモデルの予想値を表す赤線のデータです。

```
x_test = pd.DataFrame([x for x in range(-5, 40)], columns=["ondo"])  ⑥
y_quad_fit = model.predict(quadratic.fit_transform(x_test))  ⑦
```

⑥で横軸用のデータ（-5から40までの温度）を作成し、変数x_testに代入しています。⑦では、その値をquadratic.fit_transformに引き渡して2次の多項式にして、model.predictメソッドに渡して結果を予想しています。

⑧と⑨では、元データと重ねてプロットしていますが、散布図と重なっていることから、予想モデルがある程度正確であるといえるでしょう。

⑥以降のグラフ描画の部分を 図3 のように変更すれば、入力した温度での予想電力消費量を出力します。

図3 ml7.py（一部）

```
# ユーザーの入力した気温から消費電力を予測
while True:
    t = input(" 温度を入力してください [ 改行の入力で終了 ] ")   ①
    if t == "":
        break
    t = float(t)   ②
    x = quadratic.fit_transform([[t]])   ③
    v = model.predict(x)   ④
    print(f" 予想使用電力は {v} です ")
```

①でユーザからの入力を受け取り、②で数値に変換しています。③で多項式に変換し、④で値を予測する、という手順を繰り返します。modelオブジェクトはすでに学習しているので、入力値を引数で与えると、予測値を出力します。実際に実行すると、温度を入力するとそれらしい値が得られることがわかります 図4 。

図4 実行結果（ml7.py）

```
温度を入力してください [改行の入力で終了] 35 Enter
予想使用電力は [120882.86525431] です
温度を入力してください [改行の入力で終了] 18 Enter
予想使用電力は [67015.86581143] です
温度を入力してください [改行の入力で終了] 0 Enter
予想使用電力は [115420.30420175] です
温度を入力してください [改行の入力で終了] Enter
```

機械学習は奥の深い分野です。すべてをここで説明するのは困難ですが、モデルを作って、学習して、予想する、そんな雰囲気を感じ取っていただければと思います。

Index 用語索引

Index 用語索引

執筆者紹介

大津 真 （おおつ・まこと）

Lesson 1・2・3・4・6 執筆

東京都生まれ。早稲田大学理工学部卒業後、外資系コンピューターメーカーにSEとして8年間勤務。現在はフリーランスのテクニカルライター、プログラマー。主な著書に『3ステップでしっかり学ぶJavaScript入門』（技術評論社）、『基礎Python』（インプレス）、『MASTER OF Logic Pro X』（BNN）、『XcodeではじめるSwiftプログラミング』（ラトルズ）などがある。

［Twitter］@makotoo2
［Web］https://www.o2-m.com/wordpress2/

田中賢一郎 （たなか・けんいちろう）

Lesson 5・7 執筆

慶應義塾大学理工学部修了。キヤノン株式会社でデジタル放送局の起ち上げに従事。単独でデータ放送ブラウザを実装し、マイクロソフト(U.S.)へソースライセンス。Media Center TVチームの開発者としてマイクロソフトへ。Windows、Xbox、Office 365の開発／マネージ／サポートに携わる。2017年にプログラミングスクール「Future Coders」を設立。2022年からGrowth Kineticsビジネスアナリストを兼務。著書は『ゲームを作りながら楽しく学べるPythonプログラミング』（インプレスR&D）など多数。趣味はジャズピアノ／ベース演奏。

［Web］https://www.future-coders.net/

● 制作スタッフ

[装丁]　　　　西垂水 敦(krran)
[カバーイラスト]　山内庸資
[本文デザイン]　加藤万琴
[編集・DTP]　　江藤玲子

[編集長]　　　後藤憲司
[担当編集]　　後藤孝太郎

初心者からちゃんとしたプロになる
Python基礎入門

2023年5月1日　初版第1刷発行

[著 者]　　　大津 真、田中賢一郎
[発行人]　　　山口康夫
[発 行]　　　株式会社エムディエヌコーポレーション
　　　　　　　〒101-0051　東京都千代田区神田神保町一丁目105番地
　　　　　　　https://books.MdN.co.jp/
[発 売]　　　株式会社インプレス
　　　　　　　〒101-0051　東京都千代田区神田神保町一丁目105番地
[印刷・製本]　中央精版印刷株式会社

【カスタマーセンター】
造本には万全を期しておりますが、万一、落丁・乱丁などがございましたら、送料小社負担にて
お取り替えいたします。お手数ですが、カスタマーセンターまでご返送ください。

落丁・乱丁本などのご返送先
〒101-0051　東京都千代田区神田神保町一丁目105番地
株式会社エムディエヌコーポレーション カスタマーセンター
TEL：03-4334-2915

書店・販売店のご注文受付
株式会社インプレス　受注センター
TEL：048-449-8040 ／ FAX：048-449-8041

【 内容に関するお問い合わせ先 】

株式会社エムディエヌコーポレーション
カスタマーセンター メール窓口

info@MdN.co.jp

本書の内容に関するご質問は、Eメールのみの受付となります。メールの件名は「初心者からちゃんとしたプロになる
Python基礎入門　質問係」、本文にはお使いのマシン環境（OSとWebブラウザの種類・バージョンなど）をお書き添え
ください。電話やFAX、郵便でのご質問にはお答えできません。ご質問の内容によりましては、しばらくお時間をい
ただく場合がございます。また、本書の範囲を超えるご質問に関しましてはお答えいたしかねますので、あらかじめ
ご了承ください。

ISBN978-4-295-20467-1 C3055